卫星导航技术及应用系列丛书

高通量卫星技术与应用

阮晓刚　董飞鸿　王利利　胡向晖

张华健　贾亦真　周文斐　石　云

编著

U0178256

电子工业出版社

Publishing House of Electronics Industry

北京·BEIJING

内 容 简 介

本书对高轨高通量卫星通信的基础理论、核心组成、关键技术、业务应用和未来发展等内容进行了比较系统、全面的阐述。全书共 6 章，内容包括高通量卫星概述、高通量卫星通信系统技术、高通量卫星载荷、高通量地面系统、高通量卫星应用市场、高通量卫星技术发展趋势展望。本书包含大量实例和图表，便于读者理解高通量卫星通信的基本原理、组成、技术、运营方式和业务模式。

本书适合通信与信息相关专业的高年级本科生、研究生，以及从事卫星通信专业研究、设计、试验、运营和制造的各类技术人员阅读。

图书在版编目（CIP）数据

高通量卫星技术与应用 / 阮晓刚等编著．—北京：电子工业出版社，2023.4
（卫星导航技术及应用系列丛书）
ISBN 978-7-121-45340-3

Ⅰ．①高… Ⅱ．①阮… Ⅲ．①卫星通信－研究 Ⅳ.①TN927

中国国家版本馆 CIP 数据核字（2023）第 068970 号

责任编辑：满美希
印　　刷：北京七彩京通数码快印有限公司
装　　订：北京七彩京通数码快印有限公司
出版发行：电子工业出版社
　　　　　北京市海淀区万寿路 173 信箱　邮编：100036
开　　本：720×1000　1/16　印张：15.5　字数：298 千字
版　　次：2023 年 4 月第 1 版
印　　次：2024 年 7 月第 4 次印刷
定　　价：128.00 元

凡所购买电子工业出版社图书有缺损问题，请向购买书店调换。若书店售缺，请与本社发行部联系，联系及邮购电话：（010）88254888，88258888。

质量投诉请发邮件至 zlts@phei.com.cn，盗版侵权举报请发邮件至 dbqq@phei.com.cn。

本书咨询联系方式：manmx@phei.com.cn。

前　言

地面固定应用、地面移动应用、海事应用、航空应用、5G 应用、物联网应用和军事应用等对卫星容量提出了巨大需求，而高通量卫星采用点波束设计架构，具有更宽的通信频带、更高的传输速率、更强的通信质量及更轻便的终端形态，从多方面突破了传统通信卫星通信瓶颈，可提供更为高效、优质的卫星通信应用服务，将在未来天地一体、空间信息网络建设中发挥不可替代的作用，是卫星通信技术发展史上的重大跨越。

本书共 6 章，比较全面地介绍了高轨高通量卫星通信系统的发展现状、基本理论、系统技术、业务应用和未来热点研究方向等，力求兼顾理论性、系统性、方向性和实用性。

第 1 章为高通量卫星概述，通过调研国内外高通量卫星发展情况，梳理高通量卫星发展脉络，总结技术发展趋势，规划未来应用。

第 2 章阐述高通量卫星通信系统技术，对高通量卫星通信系统的体系架构进行分析，介绍系统的网络协议标准，并对多址和编码技术、抗雨衰技术、链路计算、移动性管理技术、海量用户管理技术和终端产品及前沿技术进行阐述。这些技术体现了高通量卫星通信系统容量大、速率高、不易受干扰等特点，以及未来的技术及应用发展方向。

第 3 章阐述高通量卫星载荷，这是构建新兴高通量卫星通信系统和服务的技术基础。本章论述传统卫星和高通量卫星有效载荷架构的差别，并对多波束天线技术、频率复用技术、数字信道化技术和子带交换技术进行阐述，总结高通量卫星有效载荷技术优势。

第 4 章介绍高通量地面系统，详细阐述高通量地面系统的各组成部分及其功能，包括天线分系统、发射分系统、接收分系统、调制解调分系统、业务接入分系统、监控与管理分系统和运营中心，并对国内外典型高通量地面系统进行举例论述，为地面系统研究提供参考和依据。

第 5 章分析高通量卫星应用市场，对地面固定应用、地面移动应用、海事应用、航空应用、5G 应用、物联网应用和军事应用展开介绍，探寻市场应用前景。

第 6 章为高通量卫星技术发展趋势展望，对 Q/V 频段通信，激光通信，灵活载荷，高、中、低轨卫星系统融合及跳波束技术等未来热点技术进行阐述。

本书由高通量卫星领域多位专家共同编写，阮晓刚、董飞鸿、王利利负责统筹、规划全书内容，胡向晖、张华健、贾亦真、周文斐、石云负责全书统稿和审校，北京卫星信息工程研究所的王悦、杜慧、杜倩倩等也参与了本书编写工作。其中第 1 章由阮晓刚、杜倩倩编写，第 2 章由阮晓刚、王悦、杜倩倩编写，第 3 章由董飞鸿、杜慧编写，第 4 章由董飞鸿、王悦编写，第 5 章由王利利、杜慧、杜倩倩编写，第 6 章由王利利、石云、王悦编写。参与本书资料整理和校对工作的还有梁大钱、周游、叶虎、王权、时立锋、张凤珊、程子敬、陈旭琼、尹浩琼、杨博、文霄杰、安中文、陈拓、曲洪学、刘万全、攸阳、王钰、徐燕、刘晓燕等，在此一并表示衷心的感谢。本书在编写过程中参阅了大量国内外著作和文献，在此对这些参考文献的作者、译者表示感谢！

由于本书中涉及的知识广且新，加之编著者学识水平有限，书中难免存在纰漏之处，敬请广大读者和专家批评斧正。

目　　录

第 1 章

高通量卫星概述

创新源自人类对未来的幻想，一代又一代人累积点滴创新成果，最终绘成人类文明的精彩画卷。通信卫星就是这样，从一个设想开始，一步步发展成为精密复杂、功能强大的地球基础设施。

19 世纪末期，人类将研究重点转向远距离、超视距通信，相继发明了电话、电报等通信手段。1945 年，英国科幻小说家亚瑟•查尔斯•克拉克在《无线电世界》杂志上发表的《地球外的转播》一文中详细介绍了用于通信与广播的地球静止轨道卫星，他指出在赤道上空等间隔的三颗通信卫星，可实现除两极外的全球通信覆盖。

人类对卫星通信的探索经历了不同的阶段。

① 早期技术准备阶段，该阶段主要以技术开发与验证为主，开展了一系列地面试验及在轨点对点通信验证等工作；

② 静地卫星实用阶段，该阶段同步轨道卫星的制造和发射技术达到成熟，卫星通信系统多以小规模、网状组网形式部署，实现干线网络的通信补充；

③ VSAT（Very Small Aperture Terminal，甚小口径天线终端）系统应用阶段，该阶段卫星系统的用户规模得以扩展，网络拓扑由小规模网状组网演变为大规模星状组网，用户可以利用小型化的 VSAT 通信终端，实现卫星网络的接入通信；

④ 高通量卫星发展阶段，该阶段实现了超大规模用户组网应用，卫星容量及终端传输速率均得到跨越式发展，开启了卫星通信的新纪元。

20 世纪末，卫星通信系统承载的业务由语音、低速率数据业务向高速率的宽带互联网业务发展，对卫星通信容量的需求不断增加，为了解决这一矛盾，高通量卫星应运而生。

1.1 高通量卫星的定义

提到高通量卫星的定义，首先需要总结一下卫星的命名，以此来澄清关于高通量卫星的争议。注意这里说的是"命名"而不是"分类"，关于阐述卫星分类的文章已经有很多了（参见《地球的卫士——人造卫星》）。卫星命名的方法有多种，一是按卫星的用途命名，如遥感卫星、通信卫星、气象卫星等；二是按运行轨道命名，如静止轨道卫星、低轨卫星、椭圆轨道卫星等；三是按用户类型命名，如民商卫星、军事卫星；四是按卫星的典型技术特征命名，如高通量卫星、天通移动通信卫星等。参考国内外在轨高通量卫星技术特征，以及笔者与业内专家的研讨，将采用多点波束天线和频率复用技术的通信容量不小于 10Gbps 的卫星定义为高通量卫星。

高通量卫星（High Throughput Satellite，HTS）按轨道可划分为 GEO（Geostationary Earth Orbit，地球静止轨道）和 NGSO（Non-GeoStationary Orbit，非静止轨道）两类卫星，当前在轨应用的高通量卫星以 GEO-HTS 为主，NGSO-HTS 星座项目也在持续发展，后者将提供大容量、低延迟、全球（或近乎全球）覆盖的服务。高通量卫星能大幅降低每比特的通信成本，可以经济、便利地实现各种新应用，已成为卫星通信行业真正改变游戏规则的技术。本书所介绍的高通量卫星均为技术发展较为全面、应用较为成熟的 GEO 高通量卫星，NGSO 卫星将作为未来发展趋势在第 6 章中简单论述。

1.2　国外高通量卫星发展历程

国外高通量卫星大体经过三个阶段的发展历程：

（1）起步阶段（2005—2010 年），单颗高通量卫星的容量在 50Gbps 左右。

2005 年 8 月，世界首颗高通量卫星 IPSTAR-1 成功发射，提供 45Gbps 的通信容量，卫星采用点波束设计架构，提供 84 个 Ku 频段用户波束。该卫星于同年 10 月正式开通运营，开启了高通量卫星通信新时代。

（2）发展阶段（2011—2019 年），单颗高通量卫星的容量在 100～260Gbps。

随着高通量卫星技术的逐步成熟，以及卫星应用市场需求的不断扩充，高通量卫星进入阶跃式发展阶段，以 Viasat、Hughes 为首的卫星运营商和卫星投资商开始大量建造高通量卫星或载荷。2011 年 10 月，Viasat-1 高通量卫星容量达到 140Gbps；2012 年 7 月，Jupiter-1（Echostar-17）高通量卫星容量达到 100Gbps；2017 年 6 月，Viasat-2 高通量卫星容量达到 260Gbps。表 1.1 展示了现阶段国外已发射的典型高通量卫星统计情况。

表 1.1　国外已发射的典型高通量卫星统计表

卫星名称	发射时间	转发器/用户波束情况	制造商	容量（Gbps）	寿命（年）	轨位	服务区域
IPstar-1	2005.08	84 个 Ku 点波束，3 个 Ku 赋形波束，7 个 Ku 广播波束，18 个 Ka 点波束	美国劳拉空间系统公司	45	12	119.5°E	亚太地区、印度、泰国、日本、印度尼西亚、澳大利亚等 22 个国家
Spaceway-3	2007.08	24 个 Ka 点波束	美国波音公司	10	12	95°W	北美、阿拉斯加、夏威夷和部分拉丁美洲地区
Hylas-1	2010.11	1 个 Ku 赋形波束，8 个 Ka 点波束	印度太空研究组织	3	15	81°W	西欧和中欧 22 个国家
Ka-Sat 1	2010.12	82 个 Ka 点波束	空中客车防务及航天公司	90	15	9°E	欧洲和地中海盆地
Al Yahsat-1	2011.04	14 路 C 转发器，23 路 Ku 转发器，21 路 Ka 转发器	空中客车防务及航天公司	11.6	15	52.5°E	中东、欧洲和西亚地区
Viasat-1	2011.10	56 个转发器，72 个 Ka 点波束	美国劳拉空间系统公司	140	12	115°W	美国大陆、阿拉斯加、夏威夷和加拿大
Al Yahsat-2	2012.04	46 个 Ka 转发器，60 个 Ka 点波束	空中客车防务及航天公司	20	15	47.5°E	中东、非洲、欧洲和西南亚
Echostar-17	2012.07	60 个 Ka 点波束	美国劳拉空间系统公司	120	15	107.1°W	北美
Hylas-2	2012.08	24 个 Ka 点波束	美国轨道科技公司	22	15	31°E	非洲北部和南部、东欧和中东
Astra-2F	2012.09	60 路 Ku 转发器，3 路 Ka 转发器	空中客车防务及航天公司	—	15	28.2°E	欧洲和非洲
Astra-2E	2013.09	60 路 Ku 转发器，3 路 Ka 转发器	空中客车防务及航天公司	—	15	28.2°E	欧洲和非洲，英国、爱尔兰等国家
Inmarsat-5F1	2013.12	89 个 Ka 点波束，6 个 Ka 移动波束	美国波音公司	12	15	63°E	印度洋地区
Inmarsat-5F2	2015.02	89 个 Ka 点波束，6 个 Ka 移动波束	美国波音公司	12	15	55°W	大西洋地区

续表

卫星名称	发射时间	转发器/用户波束情况	制造商	容量（Gbps）	寿命（年）	轨位	服务区域
Inmarsat-5F3	2015.08	89个Ka点波束，6个Ka移动波束	美国波音公司	12	15	179.6°E	太平洋地区
Intelsat-33e	2016.08	C频段79X36MHz，Ku频段268X36MHz 7个C频段点波束，62个Ku用户点波束	美国波音公司	25	15	60°E	欧洲、非洲、中东、亚洲
Echostar-19	2016.12	120个Ka点波束	美国劳拉空间系统公司	220	15	97.2°W	北美
Inmarsat-5F4	2017.05	89个Ka点波束，6个Ka移动波束	美国波音公司	12	15	56.5°E	太平洋地区
SES-15	2017.05	46个Ku点波束	美国波音公司	25	15	129.15°W	北美、拉丁美洲、加勒比以及和太平洋地区
Viasat-2	2017.06	100个Ka点波束	美国波音公司	260	15	69.9°W	北美、中美洲、加勒比以及跨越大西洋的主要航空和海上航线
Eutelsat 172B	2017.06	14路C转发器，36路Ku转发器 1个C面波束，5个Ku面/区域波束 11个Ku点波束	空中客车防务及航天公司	1.8	15	172°E	从阿拉斯加到澳大利亚的亚太地区
Intelsat-35e	2017.07	15路C转发器，39路Ku转发器 3个Ku面/区域波束，1个C全球波束，17个C频段点波束	美国波音公司	10	15	34.5°W	美洲、加勒比海、欧洲和非洲
Al Yahsat-3	2018.01	58个Ka点波束	美国轨道ATK公司	—	15	20.1°W	巴西和非洲
SES-14	2018.01	20路Ku转发器，28路C转发器 44个Ku用户点波束	空中客车防务及航天公司	30	15	47.5°W	美洲、大西洋地区、拉丁美洲、加勒比地区和非洲

续表

卫星名称	发射时间	转发器/用户波束情况	制　造　商	容量 （Gbps）	寿命 （年）	轨位	服　务　区　域
SES-12	2018.06	68 路 Ku 转发器，8 路 Ka 转发器 70 个用户波束，11 个馈电波束	空中客车防务及航天公司	35	15	95°E	亚洲、非洲、俄罗斯、日本和澳大利亚
Inmarsat GX5	2019.11	72 个 Ka 点波束	泰雷兹阿莱尼亚宇航公司	94	16	11°E	中东、欧洲和印度次大陆
Kacific-1	2019.12	56 个 Ka 点波束	美国波音公司	60	15	150°E	亚太地区、远东俄罗斯以及东亚地区
Eutelsat Konnect	2020.01	92 个 Ka 点波束	泰雷兹阿莱尼亚宇航公司	75	—	7.2°E	非洲和西欧
SES-17	2021.10	200 个 Ka 点波束	泰雷兹阿莱尼亚宇航公司	200	15	67.1°W	美洲、加勒比和大西洋

（3）跨越阶段（2022 年以后），单颗高通量卫星的容量将达到 1Tbps。

继 Viasat-1 和 Viasat-2 高通量卫星，Viasat 继续向更大通信容量方向发展，其规划的 Viasat-3 系列采用功率分配技术，提供 3 颗 1Tbps 以上容量的高通量卫星，同时配备最新型的地面网络基础设施，实现全球范围内的宽带卫星通信服务。该系列卫星能够实现灵活的动态资源分配，适用于各类高速、高品质需求的互联网接入及流媒体传输业务。

1.3　国内高通量卫星发展历程

2017 年 4 月，我国首颗高通量卫星中星 16 号成功发射，定点于东经 110.5°地球静止轨道，提供 26 个 Ka 点波束，为我国中部、中西部、东部、南部、拉萨及近海地区提供 20Gbps 的通信容量，支持远程教育、医疗、互联网接入、机载/船舶通信、应急通信等领域应用。中星 16 号卫星实现了国内通信卫星容量质的飞跃，但其能力仅与国外高通量卫星发展的第一阶段水平相近。

2020 年 7 月，我国首颗 Ku/Ka 双频段高通量卫星亚太 6D 成功发射，定点于东经 134°地球静止轨道，提供 90 个 Ku 点波束，为亚太地区绝大部分陆地和海洋提供 50Gbps 的通信容量。

未来几年，我国将持续发射多颗高通量卫星，实现对中国全境、周边国家及"一带一路"等区域的覆盖。表 1.2 为国内已发射及计划发射的高通量卫星统计表。

表 1.2　国内已发射及计划发射的高通量卫星统计表

卫星名称	发射时间	转发器/用户波束情况	制造商	容量（Gbps）	寿命（年）	轨位	服务区域
中星16号	2017.04	26 个 Ka 点波束	中国空间技术研究院	20	15	110.5°E	中国中部、中西部、东部、南部、拉萨地区及中国近海地区
亚太 6D	2020.07	90 个 Ku 点波束	中国空间技术研究院	50	15	134°E	中国、俄罗斯、日本、韩国、印度、澳大利亚、新西兰、夏威夷等亚太地区

卫星 名称	发射 时间	转发器/用户 波束情况	制造商	容量 （Gbps）	寿命 （年）	轨位	服务区域
中星 26 号	预计 2022 年底	—	—	—	—	—	中国及周边海域、东南亚
中星 19 号	预计 2022 年底	—	—	—	—	—	白令海峡、北太平洋、俄 罗斯东部、位于加拿大西 部的美国地区

1.4　高通量卫星未来发展趋势

据欧洲咨询公司 2017 年 6 月发布的《高通量卫星，垂直市场分析与预测》报告统计，至 2025 年底全球预计发射 100 颗高轨高通量卫星，并产生约 360 亿美元的总收入。预计到 2025 年，高通量卫星资源租赁收入为 57 亿美元，高通量卫星应用与服务将成为卫星通信领域的热点发展方向之一。预计未来高通量卫星有以下发展趋势。

（1）新技术的广泛运用。卫星通信是技术密集型产业，多波束天线、星上处理与交换等技术的应用，不断推动通信卫星的迭代发展；相控阵、软件无线电等技术的发展，促使终端向小型化、综合化、智能化转变；SD-WAN（Software Defined Wide Area Network，软件定义广域网络）、ATC（Adaptive Transform Coding，自适应变换编码）等技术的引入，使地面通信成果不断为卫星通信服务，实现星地多技术的共享、互补。

（2）新业务的演进扩展。容量的升级和技术的创新为新业务发展创造了条件，通导遥一体化应用提供了全球定位追踪和遥感服务，宽带互联网接入、专网通信及航空、海洋互联网应用逐步成为高通量服务的重点方向。

（3）天地网络的不断融合。地面有线网络、移动互联网络、电视广播网络具有良好的社交性和互动性，但存在一定地域使用限制。高通量网络具有大容量、广覆盖等优势，可有效弥补上述网络的使用缺陷，为相互融合提供更好、更高的平台基础，天地网络融合互通是未来应用的发展趋势。

　　高通量卫星正向网络宽带化、覆盖全球化、天地融合化、服务多元化等方向发展，其在人口低密度地区、航海、航空等场景有着无可比拟的优势，势必将带动高通量应用市场的不断发展。

第 2 章

高通量卫星通信系统技术

高通量卫星（HTS）是在使用相同频率资源的条件下，其通信容量比传统卫星高数十倍甚至数百倍的通信卫星。它在边远地区大规模移动通信网络延伸、商业航班客舱上网通信、船载通信服务、骨干网络备份、应急通信保障等方面发挥着不可替代的作用。高通量卫星相比于传统卫星的特点如图 2.1 所示。

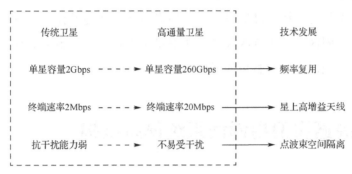

图 2.1　高通量卫星相比于传统卫星的特点

以 Viasat-2 号典型高通量卫星为例，高通量卫星通信系统与传统卫星通信系统相比具有以下优势。

（1）频带宽，通信资源丰富。Viasat-2 号卫星的单星容量为 260Gbps，是传统卫星单星容量的上百倍。

（2）通信速率高。Viasat-2 号卫星系统的前向单载波速率可达 100Mbps，反向单载波速率可达 20Mbps，并且随着波束数量的增加，系统总体吞吐量将成倍增长；而传统通信卫星的前向载波总速率约为 20Mbps，反向单载波速率约为 2Mbps。相互对比之下，高通量系统极大提升了系统的总体传输速率，提供了更高的系统通信能力。

（3）点波束增益高，信号质量更好。传统通信卫星采用赋形波束实现卫星信号的覆盖，在卫星辐射能量一定的前提下，各区域分得的信号能量值相对较小，导致信号质量较差。高通量卫星采用点波束实现通信区域的覆盖，在卫星辐射能量相同的条件下，所有信号能量都被分配到覆盖的点波束区域，信号质量性能远超传统通信卫星。Viasat-2 号卫星的最低 EIRP（Equivalent Isotropically Radiated Power，等效全向辐射功率）强度可达 63.43dBW，传统中星 12 号卫星的最高 EIRP 强度为 53dBW，因此高通量卫星能够支撑更高速率的信息传输。

（4）终端高度集成化，轻便便携。由于高通量卫星增益高，所以终端天线口径相对较小，同时功放和下变频器采用高度集成的一体化制造工艺，使得终端尺寸大幅缩减。Viasat-2 号卫星系统支持 0.4m 口径的机载终端入网通信，实现 20Mbps 的高速率信息传输。

（5）不易受干扰。高通量卫星采用多点波束架构设计，馈电和用户波束分别覆盖不同区域，干扰源仅能干扰卫星个别点波束，不会影响其他波束的正常通信，难以实现对整星的通信干扰。

2.1　高通量卫星通信系统体系架构

高通量卫星通信系统是一种大容量、高速率的微波通信系统，以高通量卫星为中继站进行微波信号转发，实现多个地面站之间的广域通信覆盖。本节从系统的组成、频段、网络、协议、服务、应用等多角度，对其进行宏观阐述，使读者对高通量卫星通信系统有整体认知。

2.1.1　系统基本组成

高通量卫星通信系统由高通量卫星系统、测控与管理系统和地面系统三部分组成，如图 2.2 所示。高通量卫星系统搭载高通量卫星载荷，实现信号空间段的转发与处理，详细设计见本书第 3 章内容；测控与管理系统主要实现卫星端的跟踪及管理，该功能不作为本书的重点论述内容；地面系统主要实现信号地面段的接收、转发与管理，详细设计见本书第 4 章内容。

（1）高通量卫星系统。

高通量卫星系统由给定轨道的高通量卫星或高通量卫星星座组成，作为空间通信中继站，实现通信数据和测控数据的转发。高通量卫星系统一般由卫星平台和通信载荷两部分组成：卫星平台由保障系统组成，是支持多种通信载荷的组合体；通信载荷由转发器和卫星天线组成，实现通信数据的转发及处理。

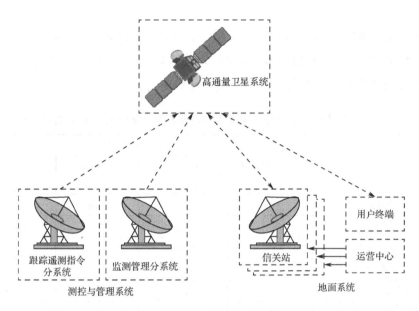

图 2.2　高通量卫星通信系统的组成

（2）测控与管理系统。

测控与管理系统由监测管理分系统和跟踪遥测指令分系统两部分组成，在卫星正式运营前，实现对卫星各项通信参数的入网验证和在轨测试；在卫星正式运营后，实现对卫星各项工程参数、运行环境参数的监测和管理，并对卫星轨道和姿态进行测量和控制。

（3）地面系统。

地面系统由信关站、运营中心和用户终端组成。其中，信关站为所在馈电波束对应的用户波束提供接入服务，实现信号收发与基带处理，并完成与运营中心之间的数据交互；运营中心是卫星应用分系统的管控中心，实现对网络运行的监控管理和对通信业务的运营维护；用户终端为用户业务与信关站或其他用户建立卫星链路，实现用户业务的接收和发送。

2.1.2　通信频段

1. 频段选用

现阶段，高通量卫星主要利用 Ku 频段和 Ka 频段通信，部分高通量卫星

15

还支持 Q/V 频段。综合考虑频段资源、信号质量、雨衰影响等因素，大多数卫星供应商选择 Ka 频段或 Ku 频段作为首选的频率计划。表 2.1 给出了不同频段波束覆盖对比及波束宽度与天线尺寸对应情况。

表 2.1　C、Ku、Ka 频段波束覆盖对比及波束宽度与天线尺寸对应情况

波束类型	卫星波束宽度	卫星天线单元直径		
		C 频段（4GHz）	Ku 频段（12GHz）	Ka 频段（20GHz）
全球波束	18°	31cm	10cm	6cm
大陆波束	8°	70cm	23cm	14cm
时区波束	3°	1.88m	63cm	38cm
区域点波束	1.6°	3.52m	1.17m	70cm
城市点波束（500km）	0.8°	7.03m	2.34m	1.41m
城市点波束（250km）	0.4°	14.05m	4.68m	2.81m
城市点波束（100km）	0.16°	35.13m	11.71m	7.03m

卫星的波束宽度与卫星的天线尺寸、频段相关，由卫星制造厂商设计确定。由表 2.1 可知，在波束宽度相同的情况下，选用频段越低，则卫星天线尺寸越大。

现有高通量卫星一般设计多种不同大小的波束，波束宽度越小，则星上天线设计尺寸相应越大。

2．频谱分析

可用频谱是影响高通量卫星通信系统性能和经济性的重要因素，对于系统空间段部分，拥有更多的频谱或拥有连续的频谱可降低卫星有效载荷的复杂性和单位容量的成本。ITU（International Telecommunications Union，国际电信联盟）的《无线电规则》规定了可用于特定应用的频谱数量，划分频谱并统一了其在国际层面上的使用。ITU 将世界分为三个区域：

区域 1：欧洲（包括冰岛）、非洲、中东、亚美尼亚、阿塞拜疆、俄罗斯、格鲁吉亚、哈萨克斯坦、蒙古国、乌兹别克斯坦、吉尔吉斯斯坦、塔吉克斯坦、土库曼斯坦、土耳其和乌克兰；

区域 2：美洲，包括格陵兰和东太平洋；

区域 3：远东、澳大利亚、新西兰和西太平洋。

1）用户频谱

表 2.2 总结了 ITU 对 Ka 频段频谱中与下行链路相关的频率分配情况。

表 2.2　ITU 对 Ka 频段的频率分配（下行链路）

频 率 范 围		区 域 1	区 域 2	区 域 3
17.3～17.7GHz		FSS、RLS	FSS、BSS	FSS、RLS
17.7～18.1GHz	17.7～17.8GHz	FS、FSS	FS、FSS	FS、FSS
	17.8～18.1GHz		FS、FSS	
18.1～18.4GHz		FS、FSS、MS		
18.4～18.6GHz		FS、FSS、MS		
18.6～18.8GHz		EES	EES	EES
18.8～19.3GHz		FS、FSS、MS		
19.3～19.7GHz		FS、FSS、MS		
19.7～20.1GHz		FSS、MSS	FSS、MSS	FSS、MSS
20.1～20.2GHz		FSS		
20.2～21.2GHz		FSS、MSS、SFTSSS		

注：FS（Fixed Service，固定业务）；FSS（Fixed Satellite Service，卫星固定业务）；MS（Mobile Service，移动业务）；RLS（Radio Location Service，无线电定位业务）；MSS（Mobile Satellite Service，卫星移动业务）；BSS（Broadcasting Satellite Service，卫星广播业务）；EES（Earth Exploration Satellite，卫星地球探测）；SFTSSS（Standard Frequency and Time Signal-Satellite Service，卫星标准频率和时间信号业务）。

　　在卫星固定业务中，地球静止卫星系统对 17.3～18.1GHz 频段的使用仅限于卫星广播业务的馈电链路。该频段在区域 1 用于下行链路，在区域 2 的下行链路应用中仅限于广播业务，在区域 3 则无法应用于广播业务。

　　三个区域在 17.7～18.1GHz、18.6～18.8GHz 和 19.7～20.1GHz 频段的频率分配有细微的差异，而在 18.1～18.6GHz、18.8～19.7GHz 和 20.1～21.2GHz 频段的频率分配都是相同的。

　　表 2.3 总结了 ITU 对 Ka 频段频谱中与上行链路相关的频率分配情况。

表 2.3　ITU 对 Ka 频段的频率分配（上行链路）

频 率 范 围	区 域 1	区 域 2	区 域 3
27.0～27.5GHz	FS、ISS	FS、FSS↑、ISS、MS	
27.5～28.5GHz	FS、FSS↑、MS		
28.5～29.1GHz	FS、FSS↑、MS、EESS↑		
29.1～29.5GHz	FS、FSS↑、MS、EESS↑		
29.5～29.9GHz	FSS↑、EESS↑	FSS↑、MSS	FSS↑、EESS↑
29.9～30.0GHz	—		
30.0～31.0GHz	FSS↑、MSS↑、SFTSSS		

注：FS：固定业务（地面）；MS：移动业务（地面）；↑：地球到太空（上行链路）；FSS：卫星固定业务；MSS：卫星移动业务；ISS（Inter-Satellite Service，卫星间业务）；EESS（Earth Exploration Satellite Service，卫星地球探测业务）；SFTSSS：卫星标准频率和时间信号业务。

由表 2.3 可知，27.0～27.5GHz 频段在卫星上行链路的应用仅限于区域 2 和区域 3。三个区域在 27.5～29.5GHz 和 29.9～31.0GHz 频段的频率分配相同；在 29.5～29.9GHz 频段的频率分配略有差异。

这些频段的顶部 1GHz（即下行频段 20.2～21.2GHz 和上行频段 30.0～31.0GHz）通常预留给军事或政府部门使用。部分 Ka 频段频谱（参见表 2.5）被指定为高密度卫星固定服务（HDFSS）的应用，HDFSS 是由高通量卫星系统提供的一种服务，这项服务的目标是实现全球范围内的宽带通信服务。

表 2.4 提供了 ITU 规定的上行链路和下行链路中 Ka 频段的总可用频谱。

表 2.4　Ka 频段的总可用频谱

区 域	链 路	下 限	上 限	总可用频谱
1、2、3	下行链路（太空到地球）	17.3GHz	21.2GHz	3.9GHz
1	上行链路（地球到太空）	27.5GHz	31.0GHz	3.5GHz
2、3	上行链路（地球到太空）	27.0GHz	31.0GHz	4.0GHz

表 2.5 提供了 HDFSS 应用的部分 Ka 频段频谱。

表 2.5　HDFSS 应用的部分 Ka 频段频谱

	下行链路（从太空到地球）	上行链路（从地球到太空）
频率范围	17.3～17.7GHz，在区域 1	27.5～27.82GHz，在区域 1

续表

	下行链路（从太空到地球）	上行链路（从地球到太空）
频率范围	18.3～19.3GHz，在区域 2	28.35～28.45GHz，在区域 2
	19.7～20.2GHz，在所有区域	28.45～28.94GHz，在所有区域
	—	28.94～29.1GHz，在区域 2 和区域 3

2）馈电频谱

Ka 频段 HTS 系统（例如，Ka-Sat 和 Viasat1 在用户链路和馈电链路都使用了 Ka 频段），针对馈电链路，Ka-Sat 和 Viasat1 采用了不同的方案。

其中，Viasat1 系统将信关站建设在用户波束覆盖区域之外，通过空间分割实现用户波束和信关站馈电波束的正交性，进而通过频率复用使用户波束和信关站馈电波束均可使用 Ka 频段全频段频谱。

Ka-Sat 系统将信关站建设在用户波束覆盖区域之内，用户波束和信关站馈电波束共享 Ka 频段频谱，通过频谱分割实现两者的正交性，此种方案系统容量较低。

第三种解决方案是信关站馈电波束采用 Ka 频段之外的频段，而可用于卫星馈电波束的频谱有 Q/V 频段和 W 频段。

表 2.6 总结了 ITU 对 Q/V 频段频谱中与下行链路相关的频率分配情况。

表 2.6　ITU 对 Q/V 频段的频率分配（下行链路）

频率范围	区域 1	区域 2	区域 3
37.5～38.0GHz	FS、FSS↓、MS、SRS↓、EESS↓		
38.0～39.5GHz	FS、FSS↓、MS、EESS↓		
39.5～40.0GHz	FS、FSS↓、MS、MSS↓、EESS↓		
40.0～40.5GHz	EESS↑、FS、FSS↓、MS、MSS↓、SRS↓、EESS		
40.5～41.0GHz	FS、FSS↓	FS、FSS↓、BS	FS、FSS↓
41.0～42.5GHz	FS、FSS↓、BS、BSS、MS		

注：BS（Broadcasting Service，广播业务）；FS：固定业务（地面）；BSS：卫星广播业务；SRS（Space Research Service，空间研究业务）；FSS：卫星固定业务；MS：移动业务（地面）；MSS：卫星移动业务；EESS：卫星地球探测业务；↑：上行链路；↓：下行链路。

表 2.7 总结了 ITU 对 Q/V 频段频谱中与上行链路相关的频率分配情况。

表 2.7　ITU 对 Q/V 频段的频率分配（上行链路）

频 率 范 围	区 域 1	区域 2 和区域 3
42.5～43.5GHz	FS、FSS↑、MS、RAS	
43.5～47.0GHz	MS、MSS、RNS	
47.0～47.2GHz	AS、ASS	
47.2～47.5GHz	FS、FSS↑、MS	
47.5～47.9GHz	FS、FSS	FS、FSS
47.9～48.2GHz	FS、FSS↑、MS	
48.2～48.54GHz	FS、FSS	FS、FSS↑
48.54～49.44GHz	FS、FSS	
49.44～50.2GHz	FS、FSS	
50.2～50.4GHz	EESS、SRS	
50.4～51.4GHz	FS、FSS↑、MS、MSS	

注：AS（Amateur Service，业余业务）；MS：移动业务（地面）；RAS（Radio Astronomy Service，射电天文业务）；FS：固定业务（地面）；ASS（Amateur Satellite Service，卫星业余业务）；MSS：卫星移动业务；FSS：卫星固定业务；↑：上行链路；RNS（Radio Navigation Service，无线电导航业务）；SRS：空间研究业务。

　　Q/V 频段中通常可用于上行链路的频谱有 42.5～43.5GHz、47.2～50.2GHz 和 50.4～51.4GHz 三个频段，三个区域在 42.5～43.5GHz 和 50.4～51.4GHz 频段的频率分配基本相同。47.2～50.2GHz 频段包括区域 1 的 6 个连续分段频率的分配，以及区域 2 和区域 3 的 4 个连续分段频率的分配。三个区域在 47.2～47.5GHz 和 47.9～48.2GHz 两个频段的分配相同。三个区域在其余的频段（即 47.5～47.9GHz、48.20～48.54GHz、48.54～49.44GHz 和 49.44～50.2GHz）分配相似，主要的区别是在区域 2 和区域 3 中，一些频段（如 48.2～50.2GHz）仅支持上行应用。

　　下行频段 37.5～42.5GHz 由 6 个连续分段频率的分配组成，其中 5 个频段是这三个区域所共有的，仅在 40.50～41.0GHz 频段的分配上略有差异。

　　表 2.8 总结了 Q/V 频段的总可用频谱。

表 2.8　Q/V 频段的总可用频谱

区　域	链　路	下　限	上　限	总可用频谱
1、2、3	上行链路（从地球到太空）	42.5GHz	43.5GHz	5.0GHz
		47.2GHz	50.2GHz	
		50.4GHz	51.4GHz	
1、2、3	下行链路（从太空到地球）	37.5GHz	42.5GHz	5.0GHz

因此信关站馈电波束的上行链路和下行链路均有 5GHz 的可用频谱。但从高通量卫星有效载荷设计的角度来看，上行链路被分割成三个部分，使得有效载荷更加复杂，需要额外的设备。而且，上行链路和下行链路在 42.5GHz 处相邻，意味着上行链路或下行链路全频谱中的一部分需作为保护频带使用。由于上行链路是高通量卫星系统中最关键的环节，因此下行链路会因保护频带的占用而减小可用频谱范围。

表 2.9 总结了 ITU 对 W 频段频谱中与上行链路和下行链路相关的频率分配情况。

表 2.9　ITU 对 W 频段的频率分配（上行链路和下行链路）

链　路	频 率 范 围	区域 1、区域 2 和区域 3
上行链路	81.0～84.0GHz	FS、FSS↑、MS、MSS↑、RAS
	84.0～86.0GHz	FS、FSS↑、MS、RAS
下行链路	71.0～74.0GHz	FS、FSS↓、MS、MSS↓
	74.0～76.0GHz	FS、FSS↓、MS、BS

注：MS：移动业务（地面）；BS：广播业务（地面）；FS：固定业务（地面）；MSS：卫星移动业务；FSS：卫星固定业务；RAS：射电天文业务；↑：上行链路；↓：下行链路。

三个区域在 W 频段全频段分配相同。下行链路在 71.0～76.0GHz 频段之间有两个相邻的分配频段，即 71.0～74.0GHz 和 74.0～76 个 GHz；上行链路在 81.0～86.0GHz 频段之间也有两个相邻的分配频段，即 81.0～84.0GHz 和 84.0～86.0GHz。

表 2.10 总结了 W 频段的总可用频谱。

表 2.10   W 频段的总可用频谱

区　　域	链　　路	下　　限	上　　限	总可用频谱
1、2、3	上行链路（从地球到太空）	81.0GHz	86.0GHz	5.0GHz
1、2、3	下行链路（从太空到地球）	71.0GHz	76.0GHz	5.0GHz

与 Q/V 频带类似，W 频段上行链路和下行链路都有 5GHz 的可用频谱，在上行链路和下行链路之间有 5GHz 的保护频带，并且每个 5GHz 的频谱是相邻的，这将简化有效载荷架构。

2.1.3　网络架构

传统高通量卫星通信系统基于透明转发卫星构建星状网络拓扑结构，所有终端站的通信链路都指向信关站，通过信关站转发实现终端之间的信息互通。在透明转发的卫星网中，卫星仅对信号进行透明或交链转发，所有协议转换均由地面网络完成。高通量卫星通信系统网络架构如图 2.3 所示。

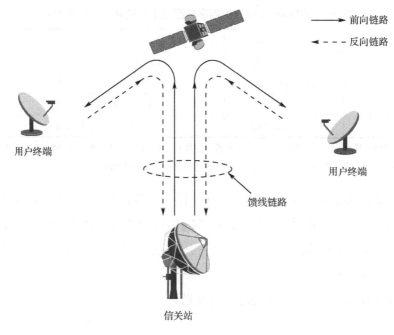

图 2.3　高通量卫星通信系统网络架构

星状网络架构下，信关站的大天线和高功率支持用户终端（在天线尺寸和发射功率方面）做得更小，从而降低成本，提高链路性能；但所有终端之间的通信必须通过双跳才能完成，增大了链路传输所需的时间。未来在应用灵活载荷后，高通量卫星通信系统将支持网状网络拓扑。

2.1.4　协议架构

高通量卫星通信系统包含卫星专用协议、适配协议和 IP（Internet Protocol，互联网协议）三类协议，其协议架构如图 2.4 所示。

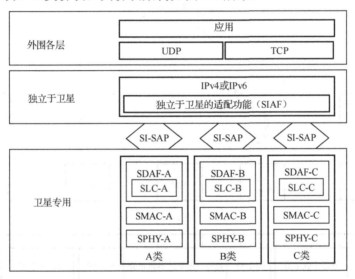

图 2.4　高通量卫星通信系统协议架构

高通量卫星通信协议支持透明转发、再生转发等多类高通量卫星的底层通信协议和通信技术，支持定制专用的 SDAF（Satellite Dependent Adaptation Function，依赖于卫星的适配功能），用以完成 SI-SAP（Systems Integration Secure Agreement Protocol，系统集成安全协议）接口映射，实现与上层协议的信息交换。高通量卫星通信协议架构将卫星相关技术和独立于卫星技术间的功能分离，实现任何接口协议的无差别服务。

2.1.5　服务架构

高通量卫星通信系统提供底层无线传输服务、卫星承载服务和标准 IP 服务，为使服务具有一般化特性，在服务架构中定义独立于卫星服务的 SI-SAP 接入点，作为层间接口，用以连接卫星承载服务和外部承载服务。高通量卫星通信系统服务架构如图 2.5 所示。

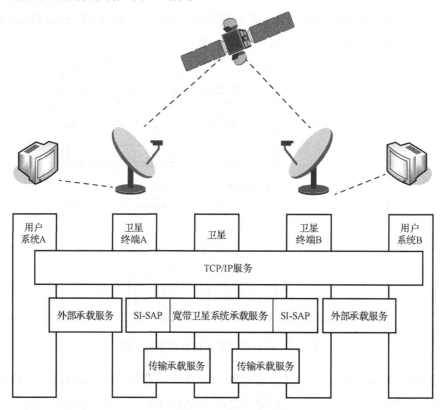

图 2.5　高通量卫星通信系统服务架构

2.1.6　典型应用服务

高通量卫星通信的典型应用包含以下几种：

（1）机载应用：包括前舱监控、应急通信、后舱视频点播、电子商务、互联网接入等。

（2）船载应用：包括远洋监控运输、远海互联网接入、海洋应急救援等。

（3）陆地应急应用：包括应急抢险、消防救援、森林防护、防恐维稳等。

（4）与其他通信手段融合应用：包括基站回传、电台中继、自主网传输等。

2.2　高通量网络协议标准

高通量卫星通信网络使用的协议标准包括 DVB（Digital Video Broadcast，数字视频广播）、WiMax（World Interoperability for Microwave Access，全球微波接入互操作性），以及某些自定义标准，目前国际上应用最为广泛、成熟度最高的高通量卫星系统标准为 DVB 协议标准。下面将按照高通量卫星系统的演进，对 DVB 系列协议标准进行详细阐述。

DVB 系列协议标准是由欧洲提出的数字电视标准，包含一系列的技术建议书、标准和实现指南，规范了地面有线网络、有线电视、卫星电视等多类传输媒体。DVB-S（Digital Video Broadcasting-Satellite，卫星数字化视频广播标准）是卫星数字化视频广播标准的第一代，随着业务需求的不断升级，该传输标准已逐步被 DVB-S2（Digital Video Broadcasting-Satellite Second Generation，卫星数字化视频广播第二代标准）所替代。DVB-S2 相较于第一代标准，在纠错编码方式和调制体制方面进行了优化升级，并增加了 VCM（Variable Coding and Modulation，可变编码调制）和 ACM（Adaptive Coded and Modulation，自适应编码调制）等技术，实现了更高的频谱利用率和更高的传输效率。为了进一步提升频谱效率、实现更大的通信速率、适用于更多的高速移动通信场景、整体提升通信及服务能力，推出了第三代数字视频广播传输标准 DVB-S2X（Digital Video Broadcasting Extensions-Satellite Second Generation，卫星数字化视频广播第二代标准扩展），其在带宽利用率、通信速率、甚低信噪比等性能上均有显著提升，具体优势如下：

（1）DVB-S2X 支持 15%、10% 和 5% 的滚降系数，在相同符号速率下，占用的通信带宽更少，从而提高带宽利用率；

（2）DVB-S2X 实现了更先进的载波旁瓣滤除技术，相邻载波间隔最低可降至符号速率的 1.05 倍，与更小的滚降系数同时使用可使系统频谱效率提高 15%；

（3）DVB-S2X 将 MODCOD（Modulation and Coding，调制和编码）提升至 116 种，最高支持 256APSK（APSK：Amplitude Phase Shift Keying，振幅相移键控），提供适用于不同场景的多种调制方式，实现更优化的卫星链路通信服务，提高频谱利用率；

（4）DVB-S2X 支持大载波调制，接收机可实现 500Msps（sps：符号每秒）信号接收，支持更大的卫星转发器带宽，可以使系统频谱效率提升 20%；

（5）DVB-S2X 采用 VLSNR（Very Low Signal-to-Noise Ratio，甚低信噪比）技术，可将信号功率/频谱扩展到很宽的频带，以支持移动通信环境下更小的接收天线的使用；

（6）DVB-S2X 提供变长 IP 数据包封装，对于短包数据可避免数据填充，减少封装开销。

2.2.1　DVB-S2 协议

DVB-S2 是面向广播、交互式服务及宽带卫星应用的第二代数字视频广播传输标准，该标准具有接收机复杂度低、传输性能优越、使用灵活等特点，并在后续的使用当中不断优化更新相应的标准和建议。DVB-S2 相较于第一代 DVB-S 标准实现了更低的滚降系数，同时采用 LDPC 码（Low-Density Parity Check Code，低密度奇偶校验码）和 BCH 码（Bose-Chaudhuri-Hocquenghem Code，博斯-乔赫里-奥康让纠错码）级联编码方式，以及 ACM 和 VCM 技术，进一步提升系统频谱利用率和传输效率。

（1）LDPC 码和 BCH 码级联编码。

DVB-S2 协议采用 LDPC 码和 BCH 码级联编码，降低系统设计复杂度，提高了系统性能。DVB-S2 提供 QPSK（Quaternary Phase Shift Keying，四相

移相键控)、8PSK、16APSK 和 32APSK 调制方式传输负载，码率适配于调制方式和通信需求。在信道质量较差的情况下，通常采用 QPSK 调制及 1/4、1/3、2/5 码率；8PSK 调制主要用于广播通信等近饱和的非线性转发链路；在信道质量较好的情况下，可利用 16APSK 和 32APSK 提高系统传输性能。高阶调制可以提供更高的频谱利用率，频谱效率可达到单位符号 0.5～4.5bit。DVB-S2 支持的调制系统效率如图 2.6 所示。

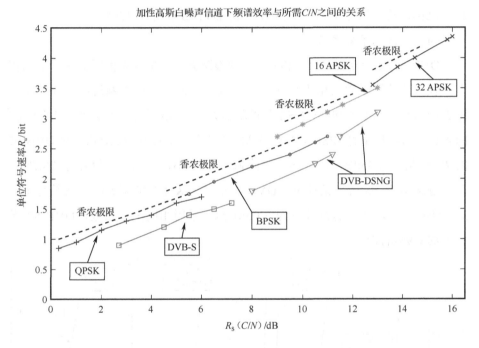

图 2.6　DVB-S2 支持的调制系统效率

(2) ACM 技术。

ACM 是一种使用灵活的自适应载波编码调制技术，根据通信载波的信号质量强度和信道条件动态调整编码调制方式，使其达到最佳的传输匹配性能。在加性高斯白噪声信道中，DVB-S2 系统的载噪比 C/N 从-2.4dB（QPSK 1/4）到 16dB（32APSK 9/10），信道利用率比 DVB-S 系统高 20%～35%，接收鲁棒性高 2～2.5dB。

(3) VCM 技术。

VCM 是一种物理层多路复用技术，支持在同一载波上传输采用不同调制

27

编码方式的信号。在 VCM 技术下，各通信站可在 QPSK 4/5 和 16APSK 2/3 范围内自动选择调制编码方案。假设地面共有 20 个通信站，平均使用 30MBaud 总波特速率，每站占用 1.5MBaud 载波，则单站对应的比特速率为 2.38～3.96Mbps，总可用速率为 61.09Mbps，比 DVB-S 提升了约 65%。当与 ACM 技术联合使用时，各通信站可在 8PSK 3/4 和 16APSK 5/6 范围内自动选择调制编码方案。在上述应用案例下，单站可提供的比特速率为 3.34～4.95Mbps，总可用速率为 86.3Mbps，比 DVB-S 提升了 130%。

（4）较低的滚降系数。

DVB-S2 支持 0.35、0.25 和 0.2 三种滚降系数，在传输相同信息量的前提下，较低的滚降系数占用更小的通信带宽，从而提升整个系统的传输容量。图 2.7 给出了 DVB-S 和 DVB-S2 不同调制编码方式的性能。在误码率为 1×10^{-9} 的条件下，DVB-S 的 8PSK 2/3 编码调制方案的 E_b/N_0 值为 6.10dB，而 DVB-S2 的 E_b/N_0 值为 4.35dB，所需的功率降低了 1.75dB，频谱功率降低了 28.7%；在传输速率为 6Mbps 条件下，DVB-S 的 8PSK 2/3 调制编码方案符号率为 3.26Msps，DVB-S2 的符号率为 3.03Msps，采用相同滚降系数，DVB-S2 节省了约 6.9% 的带宽。

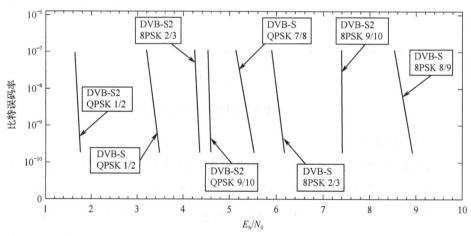

图 2.7　DVB-S 与 DVB-S2 的性能对比

2.2.2　DVB-S2X 协议

超清视频和商业互联网的发展对更高吞吐量的卫星通信系统提出了需求，DVB-S2X 标准也随之产生。与 DVB-S2 标准相比，DVB-S2X 在带宽效率、传输速率、适用场景等方面均有显著的性能提升，其在线性和非线性区域的性能均优于 DVB-S2 标准。图 2.8 给出了 DVB-S2X 在线性和非线性区域的性能优化。

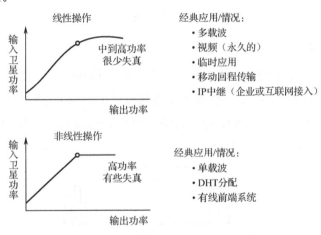

图 2.8　DVB-S2X 在线性和非线性区域的性能优化

DVB-S2X 标准采用多种先进技术，支持更低的滚降系数、更先进的滤波技术、更小的 MODCOD 颗粒度、更大的通信带宽和甚低信噪比模式，可获得更高的带宽利用率、频谱效率增益和信号增益。

（1）更低的滚降系数。

DVB-S2X 在 DVB-S2 基础上新增了 15%、10% 和 5% 的滚降系数，可以提升带宽利用率。

在卫星通信传输系统中，传输带宽与符号速率的换算关系为

$$BW = (1 + rol\_off) \times SymbolRate$$

在采用相同符号速率传输信号时，更低的滚降系数（rol_off，简写为 RO）可以占用更少的传输带宽。同理，在采用相同的传输带宽传输信号时，采用

更低的滚降系数可以获得更高的符号速率。图 2.9 给出了 DVB-S2 和 DVB-S2X 最低滚降系数对比情况。

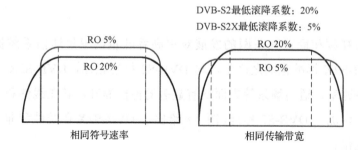

图 2.9　DVB-S2 和 DVB-S2X 最低滚降系数对比

（2）先进滤波技术。

DVB-S2X 采用的先进滤波技术可有效抑制相邻载波的旁瓣，节约频道所占用的实际物理带宽，在该技术下相邻载波最小间隔可达到符号速率的 1.05 倍。与 DVB-S2 相比，DVB-S2X 系统可增加 15%的频谱效率。DVB-S2X 采用高级滤波技术后的效果如图 2.10 所示。

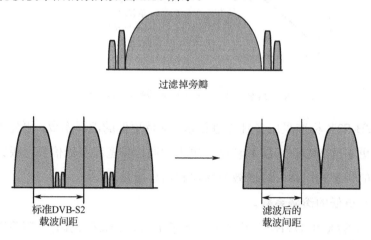

图 2.10　DVB-S2X 采用高级滤波技术后的效果

（3）更小的 MODCOD 颗粒度及更高阶的调制。

DVB-S2X 采用更小的 MODCOD 颗粒度和更高阶的 PSK 调制方式，使其频谱效率相比于 DVB-S2 提高了 51%，更接近香农极限。

通过优化接收机的算法和性能，可将 DVB-S2X 标准的性能提升 5%～

10%，并获得更优的频谱效率。图 2.11 给出了 DVB-S2X 在优化频谱效率方面的优势。

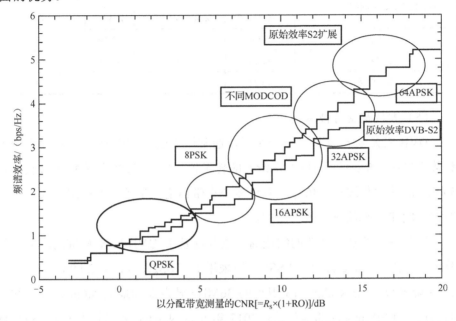

图 2.11　DVB-S2X 在优化频谱效率方面的优势

DVB-S2X 能够区分卫星转发器的线性操作和非线性操作，支持将非线性 MODCOD 用于饱和转发器，将线性 MODCOD 用于多载波操作，同时综合考虑 E_s/N_0、OBO（Output Backoff，输出补偿）和非线性退化，对卫星转发器非线性进行补偿，选取最优的 MODCOD。

（4）甚低信噪比模式。

DVB-S2X 采用甚低信噪比（VLSNR）技术，支持车载、船载、机载等空间受限平台加装小口径卫星天线，实现高信噪比的卫星链路通信传输。DVB-S2X 在 BPSK（Binary Phase Shift Keying，二进制相移键控）与 QPSK 调制中增加了 9 种 MODCOD，并在 BPSK 的 MODCOD 中采用扩频技术，以提高抗外部干扰的能力。VLSNR 扩展物理层首部，提高纠错能力，使 SNR（Signal to Noise Ratio，信噪比）数值降低至-10dB。表 2.11 展示了 DVB-S2X 针对不同应用提供的 MODCOD 和滚降系数。

表 2.11　DVB-S2X 针对不同应用提供的 MODCOD 和滚降系数

DVB-S2X（10%滚降系数）	非 线 性		线 性	
	效率/%	MODCOD 数量	效率/%	MODCOD 数量
广播业务	9.53	15	12.19	20
专网业务	17.16	18	29.71	13
通用业务	16.24	50	16.5	53

（5）大带宽支持技术。

DVB-S2X 标准支持大宽带实现，通常用于处理 72MHz（C 频段系统）和数百兆赫（Ka 频段 HTS 系统）的转发器。DVB-S2X 接收机可接收高达 500Msps 的大载波宽带信号，避免多个窄带信道产生的功率回退，实现高速数据传输和 20% 的额外效率增益。

国外卫星调制解调器的制造商一直开展基于 DVB-S2X 标准的产品试用验证，其中，Newtec 公司与 PSSI 公司采用 DVB-S2X 标准（32APSK 150/180、5%滚降系数），在 Galaxy-13 卫星的 36MHz 转发器和地面 4.6m 口径天线之间实现了 140Mbps 的通信传输；2012 年 6 月 Newtec 公司利用 DVB-S2X 标准（32APSK 135/180、5%滚降系数），在 Eutelsat-W2A 卫星的 72MHz 转发器上实现了 2×253Mbps 的通信传输；Yahsat 在 Ka 频段 36MHz 转发器上实现了 310Mbps 的通信传输；Intelsat 和 BWC 联合在 Ku 频段 72MHz 转发器上实现了 485Mbps 的通信传输。

2.3　高通量多址和编码技术

卫星通信系统中，噪声和干扰较多，需要采用先进的编码技术实现高性能传输，所以编码技术影响着链路的性能、可用性和数据吞吐量。在本节高通量多址和编码技术中，主要介绍几种常用的多址接入方式和编码技术。

多址接入和编码方式对系统的稳定性和可靠性起到至关重要的作用。多址接入指系统把资源分配给用户的过程；编码技术是实现信号在传输过程中对信息不断纠错和检错的技术。

2.3.1 多址技术

多址接入一般采用 3 种基本的多址技术，FDMA（Frequency Division Multiple Access，频分多址）、TDMA（Time Division Multiple Access，时分多址）、CDMA（Code Division Multiple Access，码分多址）。FDMA（频分多址）把转发器按照频率进行划分信道，可以传输模拟信号和数字信号；TDMA（时分多址）在相同频率基础上，按照时隙划分信道，只能传输数字信号；CDMA（码分多址），比 FDMA 和 TDMA 复杂，只能传输数字信号。在高通量卫星通信系统中，SDMA（Space Division Multiple Access，空分多址）和 MF-TDMA（Multi-Frequency Time Division Multiple Access，多频时分多址）是比较常用的技术，下面重点介绍 SDMA 和 MF-TDMA 技术。

1. SDMA 技术

SDMA（空分多址）指卫星发射多波束，每个波束覆盖不同的区域，由于波束被物理隔离，所以波束的频率可以是相同的，信号占用不同空间链路来构成不同的信道。

1）基本原理

高通量的卫星天线有多个点波束，而且每个点波束覆盖不同的区域，不同波束之间利用相同的频率也不会互相干扰，大大增加了通信容量。实际上，SDMA 通常都不是独立使用的，而是与其他多址方式，如 FDMA、TDMA 和 CDMA 等结合使用，即对于在同一波束内的不同用户再用其他多址方式加以区分。图 2.12 为空分多址方式示意图。

一个卫星上使用多副天线，各个天线的波束辐射向地球表面不同地区的地球站，这些地球站可在同一时间、同一频率进行工作，相互之间不会造成干扰。当所有点波束下的地球站在同一时刻发送数据包时，卫星上的星上交换设备会对这些请求接入的用户重新安排，将上行链路中发往同一地球站的信号编成一个新的下行链路信号，通过相应的点波束天线转发到各个地球站。

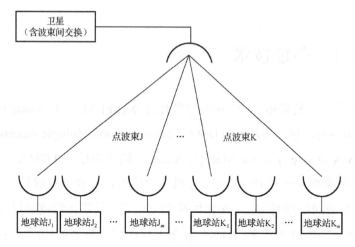

图 2.12 空分多址方式示意图

2）系统容量

在 SDMA 的馈电波束上行链路中，不同区域信关站利用空间隔离性实现频率的重复利用，达到成倍地扩大系统容量的效果。在用户波束下行链路中，不同点波束形成空间相互隔离的多个覆盖区，从而实现充分的频率复用，提升系统容量。图 2.13 为高通量卫星通信系统与传统卫星通信系统的示意图。中星 16 号卫星是我国第一颗 Ka 频段商用高通量卫星，它采用多点波束频率复用技术，实现我国东南部地区的通信覆盖，系统容量达 20Gbps。

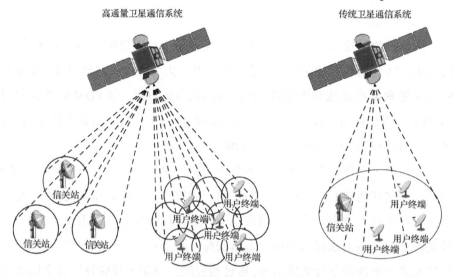

图 2.13 高通量卫星通信系统与传统卫星通信系统示意图

3）技术优势

SDMA 方式已经成为目前提高卫星通信系统容量的必要手段，无论是对地静止轨道卫星通信系统还是中低轨道星座卫星通信系统，大多采用 SDMA 方式。SDMA 具有以下优点：

（1）可提高天线增益，功率控制更加合理有效；

（2）频率多次重复利用，大幅度增加通信容量；

（3）在频率带宽有限的情况下，增加系统容量，从而有效地降低卫星资费。

2．MF-TDMA 技术

1）基本原理

MF-TDMA 是将 FDMA 和 TDMA 技术相结合的一种新型多址技术，在一定程度上弥补了 TDMA 和 FDMA 的不足，当用户终端增加或者业务量增加的时候，载波数量可以灵活增加，而无须从一开始就占用整个转发器，从而大大降低系统的初期建设成本。

在 MF-TDMA 体制中，可以灵活分配多种速率的载波，而一个速率的载波可以允许众多用户共享，对每个载波进行时隙划分，信关站统一对载波、时隙进行综合调度，达到资源利用率最大化。图 2.14 为 MF-TDMA 原理示意图。

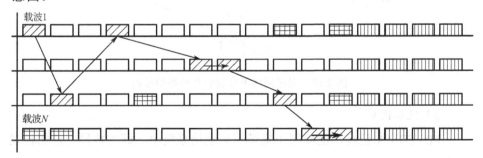

图 2.14　MF-TDMA 原理示意图

在 MF-TDMA 系统中，每个载波是按照时隙划分使用的。该系统同传统单载波 TDMA 系统相比，由于用户终端站载波发送速率降低，大大降低了对用户终端发送能力的要求，从而使用户购买成本得到有效的控制。通过使用不同速率载波的组合可构成一个能同时兼容多种速率用户终端且具有灵活组网能力的宽带多媒体卫星通信系统。

2）系统模型

高通量卫星通信系统由信关站和用户终端站组成，信关站发送 TDMA 载波，承载前向信令、业务等信息，以广播的形式发送到每个用户终端站，备份信关站在当前信关站出现故障时接替其继续工作。反向链路采用 MF-TDMA 组网，当用户终端需要发送业务时，提前向信关站申请业务时隙，并按照信关站下发的时隙表在相应的时隙内发送信息，从而完成信关站与用户站之间的双向通信。卫星网络半实物仿真网络的架构如图 2.15 所示，该网络架构中包含主站、备用主站和从站。

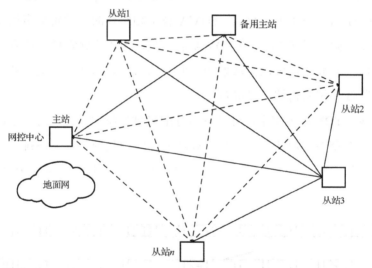

图 2.15　卫星网络半实物仿真网络的架构

3）技术优势

MF-TDMA 已经广泛应用于宽带卫星通信系统中，既支持星上透明转发又支持星上处理转发，具有以下优势。

（1）资源分配灵活：系统根据信道情况、用户数量、优先级等综合考虑，灵活调度和分配资源。

（2）提高资源利用率：系统灵活分配资源，最大限度地使用频率和时隙资源，大大提高资源利用率。

2.3.2　编码技术

信道编码技术通过各种编码实现系统的抗干扰能力和纠错能力，减少信号传输中的误码。在高通量卫星通信系统中，前向链路大多采用以 LDPC 码为内码，以 BCH 码为外码；反向链路采用 Turbo 编码技术。下面简单介绍这几种编码技术。

1．BCH 码

BCH 码属于循环码，具有一定的纠错能力，在译码同步方面具有很多独特的优点，所以卫星通信系统中常用 BCH 码来降低传输中的误码率。

BCH 码分为两类，一类是本原 BCH 码，另一类是非本原 BCH 码。本原 BCH 码的码长 n 为 $2m-1$（m 为正整数），其生成多项式由若干最高次数为 m 的因式相乘构成，如下所示：

$$g(x)=\text{LCM}[m_1(x),\ m_3(x),\ \cdots,\ m_{2t-1}(x)]$$

式中，t 为能纠正的错码个数，$m_i(x)$ 为最小多项式，LCM[ ] 为取括号内所有多项式的最小公倍式。满足以上特点的就是本原 BCH 码，最小码距 $d \geqslant 2t+1$。而非本原 BCH 码的生成多项式却不包含这种本原多项式，并且其码长 n 是 $2m-1$ 的一个因子，即码长 n 一定能除得尽 $2m-1$。

2．LDPC 码

LDPC 码即低密度奇偶校验码，属于线性分组码，构造 LDPC 码实际上就是找到一个稀疏矩阵 $\boldsymbol{H}$ 作为 LDPC 码的校验矩阵，校验矩阵需要满足以下 3 个条件：

① 每一列有 j 个 1；

② 每一行有 k 个 1（$k>j$）；

③ 矩阵有 n 列（n 为码长），j、k 远小于 n。

j、k 固定就是规则 LDPC 码；j、k 不固定就是非规则 LDPC 码。一般来说非规则 LDPC 码性能要优于规则 LDPC 码。

一个 LDPC 码的奇偶校验矩阵例子如下：

$$\boldsymbol{H} = \begin{bmatrix} 1 & 1 & 1 & 0 & 0 & 0 & 0 & 0 & 0 & 1 & 0 & 0 & 0 & 0 & 0 & 0 \\ 0 & 0 & 0 & 1 & 1 & 1 & 0 & 0 & 0 & 0 & 1 & 0 & 0 & 0 & 0 & 0 \\ 0 & 0 & 0 & 0 & 0 & 0 & 1 & 1 & 1 & 0 & 0 & 1 & 0 & 0 & 0 & 0 \\ 1 & 0 & 0 & 1 & 0 & 0 & 1 & 0 & 0 & 0 & 0 & 0 & 1 & 0 & 0 & 0 \\ 0 & 1 & 0 & 0 & 1 & 0 & 0 & 1 & 0 & 0 & 0 & 0 & 0 & 1 & 0 & 0 \\ 0 & 0 & 1 & 0 & 0 & 1 & 0 & 0 & 1 & 0 & 0 & 0 & 0 & 0 & 1 & 0 \\ 0 & 0 & 0 & 0 & 0 & 0 & 0 & 0 & 0 & 0 & 0 & 0 & 1 & 1 & 1 & 1 \end{bmatrix}$$

上述矩阵就代表一个（16，9）码。校正子可以由接收到的码字与 $\boldsymbol{H}^{\mathrm{T}}$ 相乘后得到，这里 $\boldsymbol{H}^{\mathrm{T}}$ 为 $\boldsymbol{H}$ 的转置。在实际中，索引位置的标记常常从零开始，因此一个 16 比特码字的比特将被标记为：C_0，C_1，C_2，…，C_{15}。

通常行数（从 0 开始计数）给定了校正子元素的个数。列中 1 的个数表明哪个码字比特被使用。从 $\boldsymbol{H}$ 矩阵所获得的 7 个奇偶校验等式如下（这里设置校正子为 0）：

$$c_0 \oplus c_1 \oplus c_2 \oplus c_9 = 0 \qquad c_3 \oplus c_4 \oplus c_5 \oplus c_{10} = 0$$
$$c_6 \oplus c_7 \oplus c_8 \oplus c_{11} = 0 \qquad c_0 \oplus c_3 \oplus c_6 \oplus c_{12} = 0$$
$$c_1 \oplus c_4 \oplus c_7 \oplus c_{13} = 0 \qquad c_2 \oplus c_5 \oplus c_8 \oplus c_{14} = 0$$
$$c_{12} \oplus c_{13} \oplus c_{14} \oplus c_{15} = 0$$

$\boldsymbol{H}$ 矩阵的第 0～8 列将作用于数据码字。事实上，每一列有两个 1，这意味着 2 个数据码字的比特出现在由这些列所决定的每个奇偶校验等式中。一个表示奇偶校验等式和码字比特的标准化方法是 Tanner 图（如图 2.16 所示），Tanner 图中的圆圈代表比特节点，方形代表奇偶校验等式。

当 $\boldsymbol{H}$ 中出现 1 时就会产生边。因此在第 0 行中，1 出现在 C_0、C_1、C_2 和 C_9 的位置，为了清楚地表示，图 2.16 仅显示了第 0 行、第 1 行和第 3 行的奇偶校验式，但完整的 Tanner 图应该显示所有的边。

3. Turbo 码

Turbo 码属于级联码，Turbo 码在编码增益上比传统的级联码有很大的改善，其纠错性能几乎接近香农极限，在 BPSK 1/2 调制方式下采用 Turbo 编码后的性能距香农信道容量只差 0.7dB。

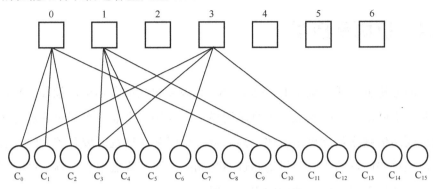

图 2.16 Tanner 图的表示

Turbo 码的特点在于采用 RSC 码（Recursive Systematic Convolutional Code，递归系统卷积码）作为构造级联码的子码，同时利用交织器将 RSC 码进行并行级联，其中子码个数可以是 2 个或者 2 个以上（RSC 码结构可以不同），通过多个交织器级联构成高维 Turbo 码，Turbo 码编码器的一般结构如图 2.17 所示。

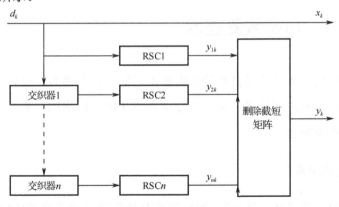

图 2.17 Turbo 码编码器的一般结构

某一时刻，信息序列 d_k（k 表示进入的信息序列顺序数）直接进入信道和编码器 RSC1，分别得到信息位 x_k 和第一个校验位 y_{1k}，同时 d_k 通过交织器 1 交织后的序列进入编码器 RSC2 得到第二个校验位 y_{2k}。依此类推，通过交织器 $n-1$ 交织后的序列进入编码器 RSCn 得到第 n 个校验位 y_{nk}，用删除截短矩阵对 y_{1k}，…，y_{nk} 进行删除和截短，最后与 x_k 构成 Turbo 码的码字送往信道。

2.4 抗雨衰技术

高通量卫星通常采用 Ku 频段、Ka 频段或更高频段通信。频段越高，信号质量受降雨量影响越大，雨衰越明显。中美洲、中非、东南亚等热带区域的地面通信网络基础设施较弱，高通量卫星服务在这些区域有较大的发展空间，但这些区域的年降雨量均超过 3000mm，因此降低雨衰影响是这些区域发展高通量卫星通信需考虑的重点问题。

通过利用合理的天线尺寸和为上行、下行链路提供充足的功率余量，实现在晴天链路条件好时业务速率的提升，以及在雨天链路条件变差时链路的降速保通。一般对于星地固定链路采用功率恢复和信号改进恢复技术进行雨衰补偿；对于受多径衰落影响的移动通信链路，则采用其他技术进行雨衰补偿和信号恢复。

2.4.1 功率恢复技术

功率恢复无须对信号自身的数据速率、信息速率等参数进行修改，通过波束分集和功率控制技术，实现信号功率或 EIRP 的增加，从而降低降雨对信号质量的影响。

1. 波束分集

当某通信路径受到降雨影响时，可将其使用的宽通信波束切换为窄波束，将所有分配的功率集中到更小的服务区域，从而增加下行链路的接收功率密度，提高地面接收端的 EIRP。

当某通信区域存在较严重的雨衰现象时，可调用卫星移动点波束对该区域进行特定指向性覆盖，以实现信号衰减的恢复应用。

2．站点分集

站点分集又称路径分集或空间分集，是指在空间通信链路中利用两个（或多个）地理上独立的地面终端来克服暴雨期间下行路径衰减的影响，该技术利用强降雨单元的有限大小和范围来提高卫星链路的整体性能。当地面终端之间有充足的物理间隔时，多个站点受到降雨影响的概率要远低于单一站点受到降雨影响的概率。站点分集原理示意图如图 2.18 所示。

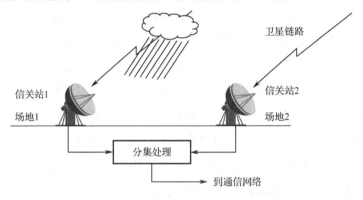

图 2.18　站点分集原理示意图

强降雨通常发生在水平和垂直范围有限的区域块内，这些降雨区域块在水平和垂直方向上的大小可能只有几公里，并且随着降雨强度的增加，降雨区域会逐渐变小。如果两个地面站之间的距离超出降雨区域块的平均范围，则降雨单元在任何时间都不可能对两个地面终端同时造成降雨影响。如图 2.18 所示，降雨区域块位于场地 1 通信路径上，此时场地 2 的通信路径上没有受强降雨影响。雨区可能穿过场地 1 移动至场地 2，但此时场地 1 的通信路径上则无降雨影响。来自场地 1 和场地 2 的终端下行链路信号在地面段进行比对，执行决策策略，选择"最佳"信号用于通信系统。上行链路信息同样可以基于下行链路信号的判决算法，在两个终端之间选择最优通信链路，但由于上行链路情况的实现复杂性，站点分集多用于下行链路的信号选择。

3．智能网关分集技术

智能网关分集技术通过柔性网关的灵活分配与接入，实现对受干扰载波的服务替换，提高通信系统的可用度与稳定度。常用的智能网关分集架构主要分为"N+0"模式和"N+P"模式。在"N+0"模式下，每个信关站均为不同用户波束提供载波通信服务，仅通过对网络负载的合理分配，即可实现对受干扰载波的服务转接，保持系统的高可用度；在"N+P"模式下，通过建设数量有限、性能相当的冗余备份信关站，实现对受干扰信关站业务的统一转接，利用适当的冗余开销，实现 $N:P$ 备份替换，保障系统的高可用度。

（1）"N+0"分集模式。

在该模式下，每个用户波束（User Beam）均受到系统内不同信关站提供的载波分集服务。由于系统对用户波束进行了信关站分集处理，因此当某一信关站存在传输异常时，该用户波束还可继续享受其他信关站提供的通信服务，而异常信关站的服务载波，则接入提前预设的未受影响的信关站内，继续提供通信服务。因此某一用户波束很难出现无法通信的情况，除非系统中所有信关站都无法正常通信。但该模式下，某一信关站出现通信异常后，会对所有的用户波束都产生一定影响。同时，由于通信信道数量较多（信关站数量与用户波束数量的乘积），卫星转发器需工作于多载波模式，对信号输出造成一定衰减。"N+0"分集模式的实现方案如图2.19所示。

"N+0"分集模式的切换流程分为以下三个步骤：

首先，对信关站馈电链路通信状态进行周期性监测。

其次，由网络控制中心周期性地收集系统内所有信关站的信道通信状态和网络资源使用情况，当检测到有载波需要进行信关站切换时，制定切换策略，并准备切换指令及信令信息。

最后，由网络控制中心向用户终端下发切换指令和新的入网信息。用户终端接收指令，切换到新的信关站载波中进行业务接续传输，并将切换完成状态反馈至网络控制中心。网络控制中心接收反馈信息，同步完成网络路由表的更新。

这类系统中的切换与地面移动网络或移动卫星网络中的小区或波束切换极为相似，其主要区别在于切换不是由终端层面触发的，而是由网络控制管理层面触发的。

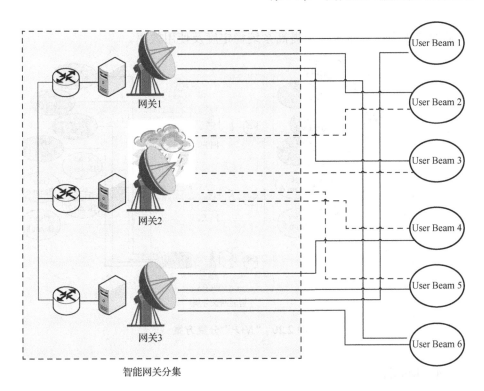

图 2.19　"N+0"分集模式的实现方案

（2）"N+P"分集模式。

该模式通过增加与主用信关站性能相当的冗余备份信关站，实现对受干扰信关站的通信替换。"N+P"模式的每个信关站为一组用户波束（User Beam）提供通信服务，设定冗余信关站为 N 个主用信关站进行备份，则当某个信关站遇到通信衰减时，其固定连接的用户波束组将接入冗余的信关站。该模式的切换策略由网络控制中心制定，并由其完成触发流程。由于信关站管理的用户较多，因此在切换过程中将产生大量的接入申请，导致网络的拥塞，因此需要制定高效的网络接入策略，以降低网络碰撞，提升接入效率。"N+P"分集方案如图 2.20 所示。

高通量卫星通信系统的超大容量特点，对其自身的处理能力、可用度、稳定度等方面都提出了较高的要求。单一信关站承担整个网络的通信处理任务，负担较大，影响系统的使用稳定度与流畅度，因此通过信关站智能分集技术，不但能够提高系统在恶劣环境下的可用度，还可以提升系统通信能力，缓解通信压力，从而进一步提高系统稳定度及使用效率。

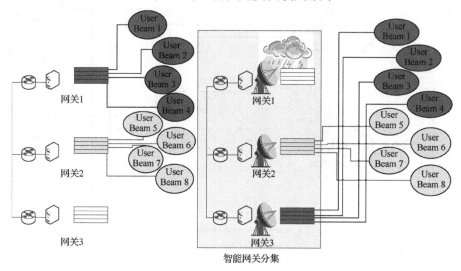

图 2.20 "$N+P$" 分集方案

4．功率控制

功率控制技术通过与衰减成比例地增加发射功率，实现接收端接收功率保持不变，该技术同时适用于上行和下行通信链路。当上行链路采用功率控制进行链路补偿时，需对发射功率进行持续监测，避免电平过高造成接收机损坏，同时也保障转发器功率平衡，避免对信号较弱的载波造成影响。理想的功率控制系统可根据雨衰情况精确地调整输出功率，其实现的最大路径补偿等于信关站最大输出与晴天无衰减时所需输出的差值。功率控制误差将导致系统通信中断，使余量有效性降低。

功率控制有可能增加系统之间的通信干扰。用于补偿信号衰减所提高的功率，同样增大了干扰信号的功率，对于不存在雨衰干扰的其他地面通信终端，其接收的干扰信号功率随之增加，影响系统通信质量。下行链路的功率控制对受雨衰干扰的通信站十分有利，但其发射功率的提高会对其他未受干扰的地面站造成影响，干扰其正常通信。

下面给出上行和下行链路功率控制的实现途径及存在的问题。

（1）上行链路功率控制。

上行链路功率控制常用于卫星固定业务、广播卫星业务和卫星移动业务的馈电链路，采用开环系统和闭环系统两种实现途径。在闭环系统中，通过检测遥测信号的接收电平实时调节信关站的发射功率，其控制范围可达20dB。闭环上行链路功率控制系统组成如图 2.21 所示。

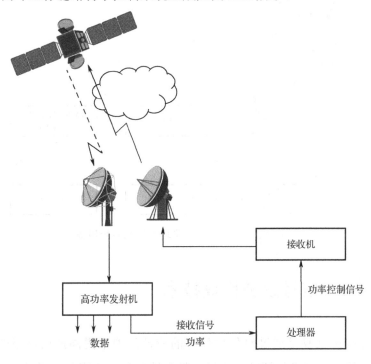

图 2.21　闭环上行链路功率控制系统组成

在开环系统中，通过监测与上行链路处于同一频带内的卫星信标信号电平，来控制发射功率电平，并推导上行链路的衰减值。由于在所需控制的频点上进行信号衰减监测，所以其功率控制效果最为精确。但控制信号的监测误差、控制操作的响应时延、上行链路衰减模型的偏差等，又会使上行链路功率控制存在一定的使用限制和结果偏差。开环上行链路功率控制系统组成如图 2.22 所示。

（2）下行链路功率控制。

下行链路功率控制不能精确地指向地面某一终端或多个终端，因此需要卫星转发器连续发射高功率信号，以解决地面单一终端所受到的雨衰影响，但其他未受影响的终端需持续接收高功率信号。

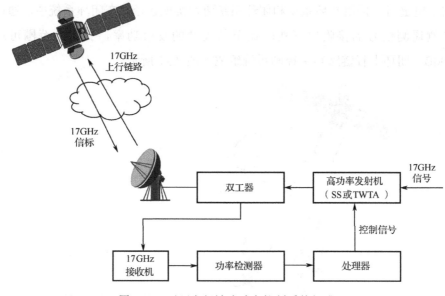

图 2.22 开环上行链路功率控制系统组成

2.4.2 信号改进恢复技术

信号改进恢复是通过对传输信号的特征处理来提高通信链路的传输性能，通常使用的技术包括频率分集、带宽缩减和自适应前向纠错。在某些情况下，为了达到更好的传输性能，将两种或多种技术组合使用。

（1）频率分集。

当高频通信链路遭受严重雨衰影响时，切换至雨衰影响较小的低频通信链路，保障信息的正确传输。此时，需要地面站和通信卫星具备双频通信能力，卫星所需的低频转发器数量由卫星同时服务的链路数量和任一链路上雨衰超过的概率共同决定。通常，如果任一链路雨衰概率减小到 1%，则低频转发器数量减少 2 到 3 个。

（2）带宽缩减。

带宽缩减适用于信息速率或数据速率可变的通信链路，在雨衰干扰期，通过降低承载信号带宽、增加载噪比，实现对通信链路的补偿。通常缩减 1/2 的通信带宽，链路载噪比提高 3dB。

（3）自适应前向纠错。

对于受雨衰影响严重的 TDMA 通信链路，可采用自适应 FEC（Forward Error Correction，前向纠错）技术补偿链路的可用度。通过预留少量通信链路容量，将其分配给受雨衰影响的链路进行附加编码操作，实现对通信链路的改善。一般脉冲级 FEC 适用于下行链路的衰减恢复，帧级 FEC 适用于上行和下行链路的衰减恢复。对于工作于 Ku 频段的 TDMA 网络，FEC 可实现 8dB 的编码增益；对于高级通信技术卫星，FEC 可实现 10dB 的编码增益。

（4）自适应编码调制。

基于正交幅度调制的自适应编码调制（ACM）技术被广泛应用于恢复频率选择性衰落的信道质量，该技术可根据链路质量自适应选择通信所用的编码和调制方式。当链路状态良好时，采用高阶调制方式进行通信，提高单位带宽的通信吞吐量，提升系统带宽利用率；当链路状态较差时（如受雨衰影响），采用低阶调制方式进行通信，降低解调所需门限，提升系统稳定度。自适应编码调制技术对于改善多径、散射、阻塞、降雨等造成的信号质量下降，有较好的提升效果。

上述技术均可实现对雨衰的补偿及缓解，每种技术都有自己的优点和缺点，综合实现的复杂性、成本和衰减补偿程度等因素，多种技术可联合使用，以达到最优的通信效果。信号改进恢复技术为卫星通信扩展到 Ka 频段和 V 频段提供了实现的可能性，雨衰对高频通信的影响已经不再是系统通信质量的障碍。

2.5　链路计算

通过链路计算可以核实卫星通信系统设备配置的合理性，在一定程度上确保系统卫星通信链路的可靠性。

2.5.1　基本参数计算方法

1. 卫星参数计算

（1）卫星饱和 EIRP。

卫星饱和 EIRP 为当卫星转发器饱和输出时，到达卫星发射天线输入端的功率与卫星发射天线增益之积，以 $EIRP_s$ 表示，单位为 dBW（分贝瓦）。$EIRP_s$ 由卫星发射覆盖特性确定，其中下角标"s"代表卫星。

（2）卫星品质因数。

卫星品质因数为卫星接收天线增益与卫星接收系统的噪声温度之比，以 G/T_s 表示，单位为 dB/K（分贝每开尔文）。G/T_s 由卫星接收覆盖特性确定。

（3）卫星 SFD。

卫星 SFD（Saturation Flux Density，饱和通量密度）指为使卫星转发器饱和而到达卫星接收天线口面的通过单位面积的功率，以 SFD_s 表示，单位为 dBW/m²（分贝瓦每平方米）。

SFD_s 与卫星接收覆盖特性相关。在链路计算中，通常取当 G/T_s 值为某特定值时的饱和通量密度（SFD）作为参考点，得出其他 G/T_s 相应覆盖地的饱和通量密度。计算公式如下：

$$SFD_s = SFD_{ref} - (G/T_s - G/T_{s.ref})$$

式中，SFD_{ref} 为参考点处的饱和通量密度，单位为 dBW/m²（分贝瓦每平方米），其值由选定的转发器增益设置决定；

G/T_s 为卫星 G/T 值，单位为 dB/K；

$G/T_{s.ref}$ 为参考点处的卫星 G/T 值，单位为 dB/K；下角标"ref"代表参考点。

（4）转发器输入回退和输出回退。

转发器输入回退和输出回退分别以 BO_i 和 BO_o 表示，其值通常以正分贝值（dB）表示。

当转发器处于多载波工作状态时，为保证转发器工作在线性区，需要有一定回退。

当转发器处于单载波工作状态时，一般工作在饱和点附近。为保证转发器功放的正常工作性能，应根据实际情况选择适当回退。

（5）天线孔径单位面积增益。

卫星天线孔径单位面积增益以 G_{m^2} 表示，单位为 dB/m²。可由下式计算得出：

$$G_{m^2} = 10\lg\frac{4 \times \pi}{\lambda^2}$$

式中，λ 为电磁波波长，单位为 m（米）。

2. 地球站参数计算

（1）天线增益。

天线增益指天线在主轴方向的增益，以 G_e 表示，其值以分贝（dBi）表示。

对于抛物面天线，G_e 的计算公式如下：

$$G_e = 20\lg\frac{\pi D}{\lambda} + 10\lg\eta$$

式中，D 为天线口径，单位为 m；

λ 为电磁波波长，单位为 m，为真空中的光速（一般取 3×10^8 m/s）和工作频率（单位为 Hz）的比值；

η 为天线效率，根据天线特性确定，一般在 60%～70% 之间；

下角标 "e" 代表地球站。

（2）地球站与卫星之间的距离。

地球站与卫星之间的距离以 d 表示，单位为 km，可由下式计算得出：

$$d = 42644\sqrt{1 - 0.2954\cos\psi} \quad （km）$$

式中，$\cos\psi = \cos\theta_1\cos\phi$；

θ_1 为地球站的纬度，单位为（°）；

ϕ 为地球站经度 ϕ_1 与卫星经度 ϕ_2 之差（$\phi_1 - \phi_2$），单位为（°）。

（3）仰角和方位角。

地球站的仰角和方位角分别以 EL 和 AZ 表示，单位为（°），可由下式计算得出：

$$EL = \arctan\frac{\cos\theta_1\cos\phi - R_E/(R_E + H_E)}{\sqrt{1-(\cos\theta_1\cos\phi)^2}}$$

$$AZ = 180 + \arctan\frac{\tan\phi}{\sin\theta_1} \qquad \theta_1 > 0°$$

$$= 360 + \arctan\frac{\tan\phi}{\sin\theta_1} \qquad \theta_1 < 0°，\quad \phi > 0°$$

$$= \arctan\frac{\tan\phi}{\sin\theta_1} \qquad \theta_1 < 0°，\quad \phi < 0°$$

式中，θ_1 为地球站纬度（北纬为正值，南纬为负值），单位为（°）；

ϕ 为地球站经度 ϕ_1 与卫星经度 ϕ_2 之差（$\phi_1 - \phi_2$），单位为（°）；

R_E 为地球半径，一般取 6378km；

H_E 为卫星离地面高度，一般取 35786.6km；

对于 GEO 高通量卫星而言，$R_E/(R_E + H_E) \approx 0.151$。

当 $\theta_1 = 0°$、$\phi > 0°$ 时，AZ 为 90°；当 $\theta_1 = 0°$、$\phi < 0°$ 时，AZ 为 270°。

方位角以正北为基准，沿顺时针方向旋转。

（4）极化方位角。

线极化的水平极化方位角和垂直极化方位角分别以 τ_H 和 τ_V 表示，单位为（°），计算公式如下：

$$\tau_H = \arctan\left\{\frac{\sin\phi}{\tan\theta_1}\sqrt{1+\left(\frac{\sin\theta}{\beta-\cos\theta}\right)^2}\right\}$$

$$\tau_V = 90 + \tau_H$$

式中，$\theta = \arccos(\cos\theta_1\cos\phi)$；

θ_1 为地球站纬度，单位为（°）；

ϕ 为地球站经度 ϕ_1 与卫星经度 ϕ_2 之差（$\phi_1 - \phi_2$），单位为（°）；

β 为同步轨道的直径与地球直径的商，取 6.62；

下角标"H"代表水平极化，"V"代表垂直极化。

（5）地球站等效噪声温度。

地球站接收系统晴天的等效噪声温度以 T_{es} 表示，单位为 K（开尔文）。

地球站等效噪声温度的数值与所取的参考点有关。当取低噪声放大器输入端口为计算等效噪声温度的参考点时，计算公式如下：

$$T_{es} = \frac{T_a}{L_{fr}} + \left(1 - \frac{1}{L_{fr}}\right) \times T_0 + T_{er}$$

式中，T_a 为天线噪声温度，单位为 K；

L_{fr} 为地球站天线接收端口至低噪声放大器输入端口之间的馈线损耗，包含地球站天线接收端口至低噪声放大器之间的所有连接馈线、双工器、耦合器、滤波器和开关等总的损耗（真数）；

T_0 为地面环境温度，一般取 290K；

T_{er} 为接收机噪声温度，单位为 K；

T_{er} 一般由厂商提供，也可以由式 $T_{er} = (F - 1) \times T_0$ 提供，其中 F 为低噪声放大器的噪声系数（真数）；

下角标 "es" 代表地球站（晴天），"er" 代表地球站接收机，"fr" 代表接收馈线。

（6）地球站品质因数（G/T）。

地球站品质因数（G/T）为地球站接收天线增益与地球站接收系统的噪声温度之比，以 G/T_e 表示，单位为 dB/K。

当取低噪声放大器输入端为计算等效噪声温度的参考点时，晴天、微风的 G/T_e 可由下式计算得出：

$$G/T_e = G_{er} - L_{fr} - T_{es}$$

式中，G_{er} 为地球站天线接收增益（dBi）；

L_{fr} 为地球站天线接收端口至低噪声放大器之间的馈线损耗（dB）；

T_{es} 为地球站等效噪声温度，单位为 dBK（分贝开尔文）。

3．空间损耗计算

（1）自由空间传播损耗。

自由空间传播损耗指信号自地球站（或卫星）到达卫星（或地球站）后

由于自由空间传播造成的信号衰减量，用 L 表示，其值以 dB（分贝）表示。计算公式如下：

$$L = 10\lg\left(\frac{4\pi d}{\lambda}\right)^2$$
$$= 20(\lg f + \lg d) + 32.45\mathrm{dB}$$

式中，f 为工作频率，单位为 MHz；

d 为地球站与卫星之间的距离，单位为 km；

λ 为电磁波波长，单位为 m，为真空中的光速（一般取 3×10^8 m/s）和工作频率（单位为赫兹）的比值。

（2）雨衰。

雨衰（降雨衰减）指在特定可用度下由降雨引起的信号附加衰减，对于 Ku 频段或 Ka 频段的卫星通信系统，雨衰对卫星链路性能的影响相对较大，需在链路计算中考虑。

雨衰跟链路可用度相关。链路可用度指的是通信链路在长期运行时能保证规定质量的时间百分比。根据业内卫星通信系统的运营经验，通常系统的链路可用度可选取为双向 99.9%，也可结合实际情况选取。系统的链路可用度为上行链路可用度与下行链路可用度的乘积。

4．载波带宽计算

（1）信息速率。

信息速率指对业务信号进行信源处理后未经信道编码的总数据流速率，以 R_b 表示，单位为 bit/s 或 bps（比特每秒）。

（2）传输速率。

传输速率指经过信道编码以后未调制数据的传输流速率，以 R_t 表示，单位为 bit/s。

信道编码通常包括卷积编码、RS、TPC、LDPC 等前向纠错编码（FEC）。

传输速率与信息速率的关系如下：

$$R_t = \frac{R_b}{\sigma_{\mathrm{FEC}}}$$

式中，R_b 为信息速率；

σ_{FEC} 为前向纠错编码率，当前向纠错编码由多重编码级联时，σ_{FEC} 则为各项编码率的乘积。

（3）符号速率。

符号速率指传输流经调制后形成相应的符号速率，以 R_s 表示，单位为 symbol/s 或 sps（符号每秒）或波特（Baud）。

（4）载波噪声带宽。

载波噪声带宽指载波主要能量占用的带宽，以 BW_n 表示，单位为 Hz（赫兹）。

载波噪声带宽与符号速率的关系如下：

$$BW_n = R_s \times \alpha_1$$

式中，R_s 为符号速率；

α_1 为载波噪声带宽因子，由设备性能确定。

（5）载波分配带宽。

载波分配带宽指为了避免载波之间的干扰，为每个载波留出一定保护带宽后的总带宽，以 BW_α 表示，单位为 Hz。

载波分配带宽与符号速率的关系如下：

$$BW_\alpha = R_s \times \alpha_2$$

式中，R_s 为符号速率；

α_2 为载波分配带宽因子，主要依据设备性能确定。

（6）载波带宽占用比。

载波带宽占用比指载波分配带宽与转发器带宽之比，以 η_{BW} 表示，计算公式如下：

$$\eta_{BW} = \frac{BW_\alpha}{BW_{tr}} \times 100\%$$

式中，BW_α 为载波分配带宽；

BW_{tr} 为转发器带宽。

2.5.2　链路干扰

在链路计算中，需要考虑各种干扰对链路载波的影响。要考虑的主要干扰包括交调干扰、邻星干扰、交叉极化干扰。

（1）交调干扰。

在频分多址体制下，多载波工作时，卫星的行波管功率放大器需工作于线性状态以满足信号之间的交调指标要求（一般三阶交调为 24dB），行波管放大器输出回退量的典型值一般为 3～10dB。

（2）邻星干扰。

GEO 高通量卫星分布在地球赤道平面内，卫星之间的距离较近，地球站发送的波束，其旁瓣会照射到邻近卫星，并在接收机中产生干扰信号。同样，邻近卫星发送的信号也会进入所用地球站的接收信号中，产生邻星干扰信号。

（3）交叉极化干扰。

为提高频带利用率，在高通量卫星通信系统中可以采用空间区域彼此重叠、空间指向一致、工作频率相同但极化方式不同的两个波束（Ku 频段为水平极化波和垂直极化波；Ka 频段为左旋极化波和右旋极化波）来实现信号隔离，当两个极化波没有完全正交时就会造成相互干扰，即交叉极化干扰。

其他可能产生的干扰还包括地球站互调干扰、卫星上相邻转发器间的干扰、相邻载波之间的干扰、来自地面环境的干扰等，这些干扰通常可通过系统设计和入网验证解决，在链路计算中可不予计算。

2.5.3　链路计算方法

链路计算基于以上基本参数计算的方法，并输入以下主要参数。

（1）卫星参数：轨道位置、ERP、增益噪声温度比（Gain to Temperature Ratio）、饱和通量密度、转发器带宽、输入和输出回退。

（2）发射地球站参数：地理位置（经度、纬度、海拔）、天线口径、天线效率、工作频率、功放大小、天线各项损耗、馈线损耗。

（3）接收地球站参数：地理位置（经度、纬度、海拔高度）、天线口径、天线效率、工作频率、天线各项损耗、馈线损耗、接收系统噪声温度。

（4）载波传输参数：信息速率、传输体制（前向纠错编码率、调制和多址方式）。

（5）系统参数：解调门限、系统可用度要求、系统余量要求。

（6）干扰参数：转发器互调干扰值，相邻卫星系统在本卫星方向上行和下行功率辐射值，交叉极化在主用极化上的功率辐射值。

得到以上输入参数后，可参考《地球静止轨道卫星固定业务的链路计算方法》（YD/T 2721—2014）标准文件，进行链路计算（可采用 Satmaster 软件计算），计算可输出卫星功占比、卫星带宽占用比、地球站发射功率以及在不同天气状况下的系统余量，最终根据这些参数来评估系统的设计是否合理。

2.6　移动性管理

高通量卫星在为车载、船载、机载等移动平台提供卫星通信网络服务时，需要重点考虑位置移动所带来的波束极化与载波频率切换、资源分配、终端 IP 管理等问题，移动性管理策略将直接影响移动用户的通信感知体验，对系统服务性能质量起着重要的决定性作用。

2.6.1　移动性场景分析

在高通量卫星通信系统中，移动终端主要分为高速移动终端（机载终端）和低速移动终端（车载、船载终端），各终端在波束交叠区进行通信切换，保障业务的不间断传输。

从波束、信关站、卫星三个维度对切换场景进行划分，分为跨波束切换

（同星同信关站不同波束）、跨信关站跨波束切换（同星不同信关站不同波束）、跨星跨波束切换（不同卫星不同信关站不同波束）。

（1）跨波束切换。

该场景下，移动终端在相邻波束的重叠区内进行通信切换，切换前后终端隶属于相同卫星相同信关站服务范围。跨波束切换需要考虑极化方式、通信频点、网络配置等参数的变化，并综合 QoS（Quality of Service，服务质量）保障、负载均衡等策略，为移动终端制定最佳的触发时机和最优的切换配置。跨波束切换交互如图 2.23 所示。

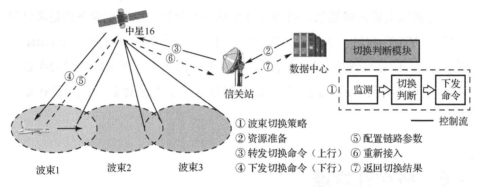

图 2.23　跨波束切换交互示意图

（2）跨信关站跨波束切换。

该场景下，移动终端在相同卫星服务区域、不同信关站管理范围内进行切换，除了涉及跨波束切换的因素，还需考虑移动终端的用户信息、管理信息和网络信息的迁移，保障用户终端的 IP 一致性，避免业务的短暂中断。跨信关站跨波束切换如图 2.24 所示。

（3）跨星跨波束切换。

该场景下，移动终端在不同卫星服务区域、不同信关站管理范围内进行切换，除了涉及跨波束切换的因素，还需考虑卫星参数、天线对准等问题，通过多天线、业务缓存、参数预配置等方式，保障终端在重新对星过程中业务的不间断传输。跨星跨波束切换如图 2.25 所示。

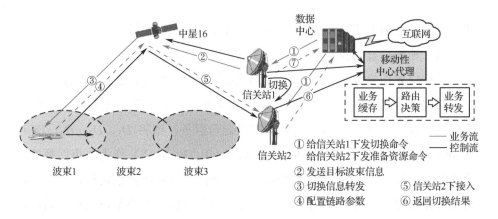

图 2.24　跨信关站跨波束切换示意图

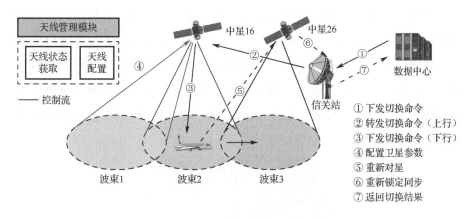

图 2.25　跨星跨波束切换示意图

2.6.2　波束切换判决

高通量卫星的单波束覆盖范围通常较大，整波束内信号强度变化较小，仅在波束边缘地区信号强度出现较大的下降，因此制定合理的波束切换判决机制，在适当位置、适当时刻进行切换触发，避免反复切换或不必要的切换，是移动性管理要解决的首要问题。

目前常用的波束切换判决机制包括：适用于低速移动终端的地理位置切换机制；适用于高速移动终端的剩余时间排队切换机制；适用于速度变化域宽的基于 RSS（Root Sum Square，方根总和）测量值和平均速度估值的动态切换机制；适用于高速多业务移动终端的模糊逻辑切换机制。

（1）地理位置切换机制。

地理位置切换机制根据移动终端距离各波束的距离，触发波束切换请求。以图 2.26 所示为例，$D_1 \sim D_5$ 为机载终端分别到波束 1 至波束 5 中心的距离，假设当前以波束 2 为机载终端提供卫星通信服务，则将 D_1、D_3、D_4、D_5 与 D_2 进行比对计算，将 compare=D_i/D_2<1（i=1，3，4，5）作为波束切换的判决机制，一旦 D_i 值小于 D_2，则机载终端向信关站发送波束切换请求，并将目标波束信息一同发送至信关站。信关站查看目标波束当前资源使用情况，若存在可分配资源，则向终端发送切换指令，并配置相应资源信息、入网信息等参数；若目标波束无可分配资源，则终端等待切换，并持续向信关站发送切换请求，由信关站持续监测目标波束资源使用情况；若在有效申请次数内，终端仍未完成波束切换操作，则判定此次切换失败。地理位置切换机制判决条件相对单一，忽略了移动终端的速度因素，无法快速响应高速移动终端的波束切换请求，导致大量终端波束切换的失败。终端在多点波束内移动如图 2.26 所示。

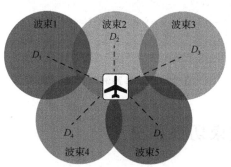

图 2.26　终端在多点波束内移动示意图

（2）剩余时间排队切换机制。

剩余时间排队切换机制充分考虑终端切换的紧迫性问题，按终端在当前波束内的剩余驻留时间，确定切换请求优先级，保障紧急切换优先处理，提高波束切换成功率。$T_{res,i}=D/V_i$，D 为终端距离当前服务波束边缘的距离，V_i 为终端移动速度，$T_{res,i}$ 为终端在当前波束移动的剩余时间。信关站根据各终

端的 $T_{res,i}$ 值对波束切换请求进行排队处理，优先处理 $T_{res,i}$ 值最小的请求。以图 2.27 为例，1 号区域为剩余时间排队切换机制的排队门限，2 号区域为机载终端在当前服务波束内的剩余驻留时间，3 号区域为车载终端在当前服务波束内的剩余驻留时间。当剩余驻留时间小于排队门限时，信关站可对相应申请进行有效处理，图中机载终端的剩余驻留时间小于车载终端，因此将其处理队列排至车载终端之前，信关站对其优先响应。该算法在中高负载下对波束切换失败率有较好的抑制作用，非常适用于高机动通信终端的波束切换。基于剩余时间的切换排队如图 2.27 所示。

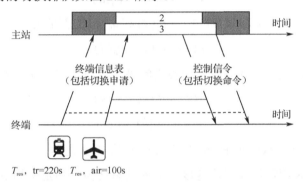

图 2.27　基于剩余时间的切换排队示意图

（3）基于 RSS 测量值和平均速度估值的动态切换机制。

基于 RSS 测量值和平均速度估值的动态切换机制将 RSS 测量结果和平均速度估值作为输入变量，动态调整滞后余量和平均窗口长度，实现切换判决机制。接收信号通过滤波窗口滤除信号波动，根据平均速度估值，调整抽样窗口，得到抽样数：

$$S_p = 50 - 5\left[\frac{v}{1000} - 1\right]$$

式中，S_p 代表抽样数，下角标 p 为样本的顺序数，v 代表速度。

动态滞后余量如下：

$$h = \max\left\{ r_H\left[\min\left(\frac{\max((R(k) - \Delta_0), 0)}{\Delta_1 - \Delta_0}, 1 \right) \right]^r, r_L \right\}$$

式中，$R(k)$ 为服务波束 RSS 测量结果的离散值；v 为终端估计移动速度，V_0

为系统速度常数，定义 $\tau=v/V_0$ 为移动速度因子；Δ_1 和 Δ_0 分别为最高和最低质量门限；r_H 和 r_L 分别为最高和最低滞后余量。

假设终端由波束 B_0 向波束 B_1 移动，两波束中心距离为 D，终端在波束 B_0 下的信号强度为 $R_0(d)$，在波束 B_1 下的信号强度为 $R_1(d)$，接收信号通过滤波器去除瑞利衰落后的信号强度计算公式如下：

$$\bar{R}(d) = f(d) * R(d) = 1/d_0 \cdot \int_0^\infty \exp(-x/d_0)z \cdot R(d-x)\mathrm{d}x$$

$f(d)$ 为滤波器冲激响应，d_0 为平均窗口长度。信号强度差表示如下：

$$x(d) = \bar{R}_1(d) - \bar{R}_0(d)$$

$\bar{R}_1(d)$ 和 $\bar{R}_0(d)$ 服从正态分布，均值 $u_1(d)$ 和 $u_0(d)$ 的差值为

$$u(d) = u_1(d) - u_0(d)$$

将波束中心距离 D 分成小的长度间隔，每个长度为 d_s，$d_k=k\times d_s$，则

$$x(k) = R_1(k) - R_0(k)$$

$$u(k) = u_1(k) - u_1(k)$$

$x(k)$ 为 k 时刻终端从波束 B_1 和波束 B_0 收到的 RSS 之差。

基于 RSS 测量值和平均速度估值的动态切换机制定义如下：

$$P_{1|0} = \Pr\{x(k) < -h\}$$

$$P_{0|1} = \Pr\{x(k) > h\}$$

$P_{1|0}$ 为终端从波束 B_1 切换到波束 B_0 的概率，$P_{0|1}$ 为终端从波束 B_0 切换到波束 B_1 的概率。

基于 RSS 测量值和平均速度估值的动态切换机制对链路衰落改善较为明显，终端移动速度越快，性能提升越多，同时随着速度的增加，该机制在时延性能方面也有较大的改善。

（4）模糊逻辑切换机制。

针对高通量卫星的多波束特点，提出模糊逻辑切换机制，以实现更低的波束切换失败率，但其算法也更为复杂（如图 2.28 所示），计算代价更大。

根据模糊逻辑系统输出切换值、当前时刻所在波束半径比及当前时刻终端移动速度等参数，综合判定终端波束切换时刻。

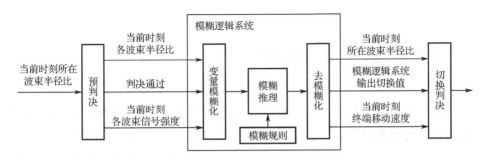

图 2.28　基于模糊逻辑的切换算法

2.6.3　信道分配机制

信道分配机制是波束切换中的重要环节，在保障原有用户终端通信质量的前提下，最大化实现移动终端业务的接续性传输。根据用户的使用特点判断，中断一个正在传输的业务，将比阻塞一个新业务更加不能忍受，因此当有波束切换用户和新入网用户同时申请信道资源时，将优先保障切换用户的业务连续性。

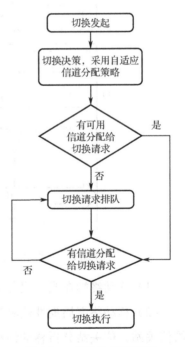

图 2.29　切换决策流程图

（1）根据卫星用户的在网状态，将用户分为切换用户和新入网用户，信道资源的分配优先级为切换用户高于新入网用户。

（2）系统信道资源为切换用户和新入网用户提供服务，当通信资源无剩余时，切换请求根据制定的排队机制进行排队等候，新入网用户业务被阻塞；当部分通信资源被释放时，优先响应切换用户的使用需求，最后为新入网用户提供接入服务。

切换决策流程如图 2.29 所示。

2.6.4　波束切换执行

波束切换执行是波束切换操作的最后一个环节，其主要操作由地面信关站和移动终端共同完成，信关站对波束切换场景进行分析，制定相应切换策略，并将资源、网络等配置发送给移动终端，移动终端在切换触发时刻完成波束切换操作，建立新的通信链路。波束切换的时延主要包括新链路的配置时延和建立时延两部分。

当切换目标波束和当前服务波束由同一信关站管控时，相同信关站波束切换信令流程如图 2.30 所示。

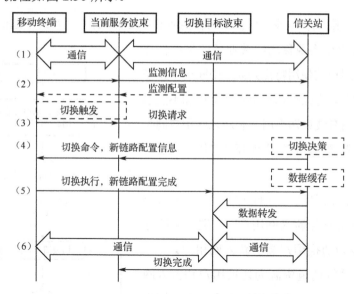

图 2.30　当两个波束属于同一信关站时的切换信令流程图

（1）移动终端在当前服务波束下与信关站进行信息传输。

（2）移动终端周期性监测当前服务波束的信号强度，并将监测信息发送给信关站。信关站分析移动终端监测信息，并根据运行策略开展监测配置，由移动终端对监测参数进行监测反馈。

（3）移动终端根据波束切换触发机制，比对自身在当前波束的信号强度和位置信息，在切换临界点向信关站发起波束切换请求。

（4）信关站制定切换决策，选择最优物理链路资源，向移动终端发送切换命令及新链路配置信息。上述流程均通过当前服务波束完成相应的信息交互。

（5）移动终端执行波束切换操作，建立新的通信链路，并将波束切换结果反馈给信关站。在终端波束切换的过程中，信关站将发送给移动终端的业务数据进行缓存，避免切换过程中的数据丢失。

（6）切换成功后，信关站将缓存信息通过目标波束下发给移动终端，同时释放原服务波束的通信资源。

当切换目标波束和当前服务波束由不同信关站管控时，切换流程由切换目标波束所属的信关站规划管理，并与当前服务波束所属的信关站共同协作，两个信关站之间的信息传送通过运营中心完成。当两个波束属于不同信关站时的切换信令流程如图 2.31 所示。

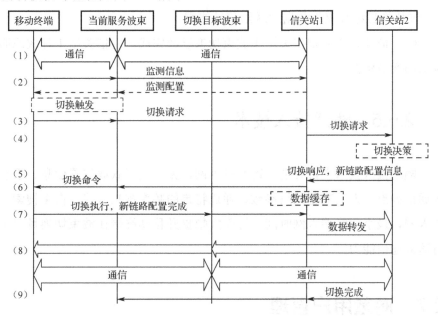

图 2.31　当两个波束属于不同信关站时的切换信令流程图

（1）移动终端在当前服务波束下与信关站进行信息传输。

（2）移动终端周期性监测当前服务波束的信号强度，并将监测信息发送给当前信关站 1。信关站 1 分析移动终端监测信息，并根据运行策略开展监测配置，由终端对监测参数进行监测反馈。

（3）移动终端根据波束切换触发机制，比对自身在当前波束的信号强度和位置信息，在切换临界点向信关站1发起波束切换请求。

（4）信关站1根据移动终端发送的切换目标波束信息，分析出切换目标波束隶属于信关站2，并将移动终端的切换请求通过运营中心发送至信关站2。

（5）信关站2制定切换决策，选择最优物理链路资源，并将切换响应及新链路配置信息发送给信关站1。

（6）信关站1通过当前服务波束向移动终端发送切换命令，并在此过程中，对即将发送给移动终端的业务数据进行缓存，避免切换过程中的数据丢失。

（7）移动终端执行波束切换操作，建立新的通信链路，并将波束切换结果反馈给信关站1。

（8）信关站1将缓存的业务数据经运营中心发送给信关站2，由信关站2通过切换目标波束将数据发送给移动终端。

（9）信关站2通知信关站1波束切换已经完成，由信关站1释放原服务波束的通信资源。

2.6.5　随遇接入技术

随遇接入技术支持终端一键开机入网，无须人工获取位置信息、手动输入通信频点、人工配置网络参数，通过特定的频率规划方式，自主搜索、智能入网，最小化终端入网时间，进而大幅提升移动终端在波束切换场景下的自适应通信能力。

2.7　海量用户管理

高通量卫星通信系统具有大容量、多用户的特点，如何在海量业务需求中对系统资源及用户资源进行合理化分配与调度，是为用户提供高品质服务、提升系统性能需要解决的首要问题。本节从系统的 QoS 保障机制、无线资源管理技术和网络及用户管理三方面进行分析，提升高通量卫星通信系统对海量用户的管理效能。

2.7.1　QoS 保障机制

高通量卫星通信系统在海量用户并发通信时，会对网络资源产生竞争，部分传输业务会随着接入用户的不断增加，而导致传输质量下降。为了避免资源的竞争，提高系统资源利用率，需要制定有效的 QoS 保障机制，合理分配网络资源。

常用的 QoS 保障类型包括保证性服务和最大努力性服务。保证性服务的原则是设置用户享有的 QoS 度量值（如传输速率、通信容量、时延等）大于其最小的需求阈值，并小于其最大的需求阈值；最大努力性服务则不设定明确的 QoS 度量值，而是根据网络运行状态为用户提供最大的通信服务保障。

1．QoS 衡量标准

QoS 衡量标准通常包括时延、抖动、带宽、丢包率等，下面分别进行分析说明。

时延是指从数据包发送时刻起到接收方收到数据所消耗的时间，高通量卫星通信系统的传输路径长，其自身产生的通信时延长，该时延对采用 TCP（Transmission Control Protocol，传输控制协议）通信的业务数据影响较大，会导致协议在短时间内对网络负载的动态变化敏感度降低，影响对实时性要求较高的交互式业务的通信传输。

抖动是指端到端传输时延的变化。对于采用 TCP 协议的通信业务，抖动会影响收发缓存器的设置，会造成不必要的数据重发，进而增加数据的传输时延，因此要尽可能减少抖动，以提升系统的 QoS。

带宽是指端到端业务传输占用的最大信道资源。高通量卫星通信系统的通信带宽常受限于同一时刻接入网络进行业务传输的用户数量，或某一信道上共享资源的用户数量。

丢包率是指丢失数据包占发送数据包的比率。传输链路可靠性低、交换网络设置不当、服务保障机制不完善等原因，均可导致通信业务的丢包。数据丢包将自动触发重传机制，造成网络拥塞，并降低系统通信服务效率。

国际电信联盟通信标准化组织 ITU-T 的《ITU-T G.1010 SPANISH—2001》建议给出了语音、数据、视频等业务对时延和丢包率的需求，并指定了相应的 QoS 指标，不同业务时延和丢包率需求如图 2.32 所示。

误码容忍度高	语音会话和 视频交互类	语音/视信类	流媒体类	传真
误码容忍度差	命令类（如交互游戏、 Telnet命令）	事物类（如WWW浏览器、 E-mail接入）	下载类（如FTP）	背景类 （如Usenet）
	交互式 （时延<<1s）	响应迅速的 （时延～2s）	适时的 （时延～10s）	非关键的 （时延>>10s）

图 2.32　不同业务时延和丢包率需求

2．协议体系与 QoS 关键技术

TCP/IP 协议已成为各类通信网络的标准互联协议，因此高通量卫星通信系统应基于 TCP/IP 结构，针对自身特点进行适应性修改。图 2.33 给出卫星通信系统协议体系结构，虚线框定义了每一层实现的功能。

根据高通量卫星通信系统的协议架构，分析系统所涉及的 QoS 关键技术：

（1）物理层传输技术。

高通量卫星通信系统采用速率可变的差错控制编码技术，提高数据传输速率，满足不同业务的 QoS 需求。差错控制编码与非平衡差错保护、块检测、Turbo 码、联合卷积码等技术融合运用，进一步提高高通量卫星通信系统的业务吞吐量和传输质量。

（2）链路层接入技术。

采用适用于高通量网络的负载自适应接入退避算法，解决在大量用户并发接入时的竞争碰撞问题，缩短业务时延，降低重传率，提升链路层通信性能。

（3）网络层路由技术。

高通量卫星网络时延较长，且受通信环境等影响，传输误码率较高，因此有必要从算法复杂度、兼容性及通信性能等多角度出发，研究适用于高通量卫星网络的路由协议和路由算法。

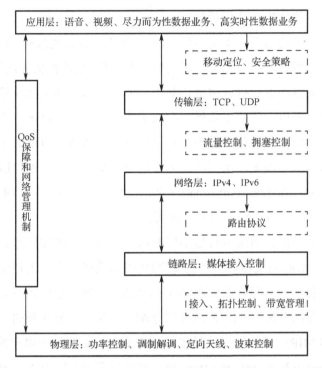

图 2.33　卫星通信系统协议体系结构

（4）传输层协议。

由于通信时延、传输误码率、带宽不对称等因素，高通量卫星链路对 TCP 协议的性能产生了极大的影响，需要综合考虑卫星信道特征，对 TCP 协议进行适应性修改，以满足高通量卫星通信系统的使用需求。

（5）应用层移动性管理。

高通量卫星通信系统存在大量的波束切换使用场景，在链路切换过程中，需要对通信资源、网络路由等信息进行重新配置，有效的波束切换策略是快速恢复通信、提供高品质 QoS、降低切换对系统造成的影响。

3. QoS 保障策略

当高通量卫星通信系统的多业务总带宽小于系统可提供带宽时，业务能够无竞争地正常传输，当总需求带宽超过系统可提供带宽时，可依托 QoS 保障策略，实现系统业务的有序传输。

（1）灵活的优先级队列策略。

高通量卫星通信系统支持多种 QoS 属性的业务转发队列，业务转发队列提供严格优先级调度和权重优先级调度两种策略。在严格优先级调度策略下，业务根据优先等级进行排队传输，易出现低优先级业务无法传输的情况，但会保证高优先级用户的使用体验；在权重优先级调度策略下，根据用户配置的不同权重比例，对通信带宽进行按比例分配，该模式可保障所有业务都能分配到通信资源，但无法保证高优先级用户享受到更好的通信服务。

（2）MIR（Maximum Information Rate，最大信息速率）/CIR（Committed Information Rate，承诺信息速率）配置。

高通量卫星通信系统可根据不同网络、不同用户的实际通信需求，为其配置不同的 MIR 和 CIR，实现带宽保障/限制策略。当信道资源充足时，信关站在满足各个网络和终端用户 CIR 的基础上，将剩余的带宽资源结合站点优先级、业务优先级和 CIR 值按比例分配，并保障其分配到的实际带宽速率小于配置的 MIR；当信道资源紧张时，系统无法满足每个用户的 CIR，则按照 VNO（Virtual Network Operator，虚拟网络运营商）与 SVN（Satellite Virtual Network，卫星虚拟网络）的 CIR 配置按比例分配系统总带宽至每个 SVN，同一 SVN 下的用户终端结合站点优先级、业务优先级和 CIR 配置按比例分配所属 SVN 所获得的资源。

（3）基于 VNO 的 QoS。

通过对每个 VNO 配置不同的 MIR 和 CIR，进行带宽使用策略管理，实现基于 VNO 的流量控制。VNO 内可基于站点优先级、业务优先级更为精细地管控系统带宽资源。

2.7.2　无线资源管理技术

高通量卫星通信系统的无线资源管理基本流程如下：首先，待接入终端将业务特征参数和用户特征参数进行封装，并将封装后的入网请求发送给资源管理器的接入策略模块，完成业务入网传输申请；其次，资源管理器的呼叫接入控制模块解析终端的业务特征和用户特征，并结合当前网络资源情况判定是否允许该终端的业务接入申请，当网络满足终端接入需求时，启动资源管理器的动态带宽分配模块，为终端分配通信资源，同时对其执行分组调度功能；最后，资源管理器将终端载波信令、时隙信息统一封装并发送给申请终端，申请终端收到信令后，在所分配的资源下进行业务传输。高通量卫星通信系统无线资源管理架构如图 2.34 所示。

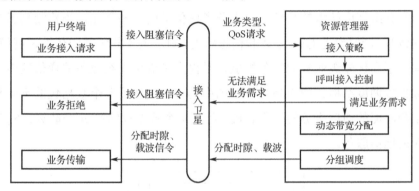

图 2.34　高通量卫星通信系统无线资源管理架构

由此可见，无线资源管理的三个关键技术为接入策略、呼叫接入控制和动态带宽分配。当终端存在波束切换操作时，还需考虑移动性管理的相关技术。

1．接入策略和分组调度

高通量卫星通信系统需要管理众多用户终端，如何控制终端快速入网、降低竞争碰撞、提高入网成功率，是接入策略需要解决的重点问题。同时对于信关站发出的多终端业务信息，如何对其进行合理的调度、分配，是分组调度需要解决的重点问题。

1）接入策略

高通量卫星通信系统的海量用户接入会产生大量的接入信令，造成严重的竞争和信道拥塞问题。同时，卫星链路的衰落及动态变化也会造成入网信令的传输失败，从而增加系统重传概率，导致信道阻塞、降低系统性能。

通过采用基于信道状态的混合自适应接入策略，待入网终端首先检测接入信道的通信状态，当信道状态满足接入条件时，进行入网资源申请，并根据信道状态自适应制定接入策略。信关站根据入网终端及信道情况分配接入资源，并分配不同入网传输模式。基于上述接入策略，可有效解决终端入网竞争问题，提升入网效率，提高系统资源利用率。

2）分组调度

分组调度根据传输业务的不同 QoS 需求，对其所需的带宽、时延等信息进行仲裁，为不同 QoS 等级业务提供匹配的通信服务。高通量卫星通信系统在传统分组调度技术的基础上，充分考虑信道的动态变化，当检测到新业务数据包时，同时参考 QoS 参数和信道状态，制定该业务所需的传输调度模式，既保证了高优先级业务的服务性能，又提升了低优先级业务的通信性能。跨层数据包调度结构如图 2.35 所示。图中物理层展现了多个数据包的不同队列调用相匹配的通信服务的流程。$P_{n,n}$ 为第 n 个数据包的第 n 个队列，S_0 表示相应的通信服务。

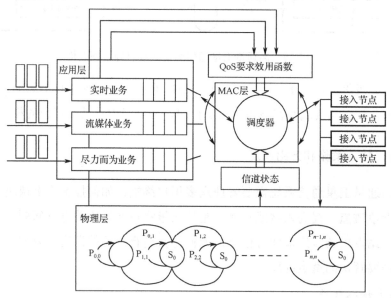

图 2.35　跨层数据包调度结构

2. 呼叫接入控制

CAC（Call Admission Control，呼叫接入控制）基于系统资源使用情况，实现对接入申请的接受或拒绝。当系统当前资源满足用户 QoS 申请需求时，CAC 模块接受新业务的接入请求，反之阻塞（拒绝）其接入请求。CAC 基本工作流程如图 2.36 所示。

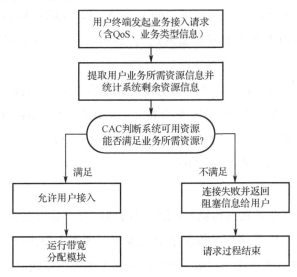

图 2.36　CAC 基本工作流程

卫星通信系统常用的 CAC 策略分为提供确定性 QoS 保证和提供统计性 QoS 保证两类。

（1）提供确定性 QoS 保证。

该模式只有在当前接入业务的所有峰值需求均能被满足时，才允许新业务的接入，其判决策略简单，适用于非突发性业务，但系统资源利用率较低。

（2）提供统计性 QoS 保证。

该模式不考虑所有业务的峰值需求并发情况，采用统计复用的资源分配方式，满足业务接入请求，其判决策略会产生一定的丢包率，但可有效提升系统资源利用率，适用于突发性业务接入请求。

考虑卫星通信的特殊性，可以采用信道资源预留的方式提高系统的传输效率。终端通过发送信元头占用某一带宽资源，当该终端有新的突发业务时，利用该通道直接进行传输，降低链路频繁握手导致的数据丢包率，缩减通信响应等待时间。该方法适用于突发业务较多的终端，对于稀疏型业务终端，该方法将会造成较大的资源浪费。

3. 动态带宽分配

动态带宽分配根据系统资源运行情况和不同分配策略，为用户动态分配业务传输所需资源，以满足用户的 QoS 要求，保障业务的高效连接。动态带宽分配适用于业务突发频繁的通信系统，可提高资源利用率和系统通信效率。

卫星通信系统常用的动态资源分配策略包含 RBDC（Rate Based Dynamic Capacity，基于速率的动态容量分配）、VBDC（Volume Based Dynamic Capacity，基于通信容量的动态容量分配）和 FCA（Flexible Capacity Allocation，灵活容量分配）三种。

（1）RBDC。

当终端存在业务数据传输时，由终端向网络管理系统发送资源申请请求，此时申请的速率值受终端通信速率上限限制（速率上限由终端 QoS 等级确定），申请不得超过该速率门限。RBDC 请求无须考虑系统之前的容量分配方式，直接提出新的申请，并等待网络管理系统的响应处理。RBDC 适用于能够忍受最小调度程序反应延时的变速率业务。

（2）VBDC。

当有业务数据传输时，终端向网络管理系统发起 VBDC 申请，网络管理系统将来自该终端的所有 VBDC 申请容量进行累加，当业务帧中分配了该终端的 VBDC 容量后，则从累加值中减去本次操作分配的 VBDC 容量，作为新的累加值进入新一次的 VBDC 请求计算。VBDC 适用于对延时不敏感的业务传输，如文件业务等。

（3）FCA。

FCA 主要用于分配网络中未被使用的容量，该分配策略不依赖于终端和网络管理系统，由系统自动分配实现。综合考虑业务特点、应用场景、容量需求等因素，采用业务分级的动态带宽分配方式，为不同用户提供差别性传输服务。同时，根据载波运行情况，自动将空闲载波资源分配给终端用户，实现系统资源的高效利用。

高通量卫星通信系统正由单星向星座群演进，未来的动态带宽分配策略可从全局角度出发，在保障用户 QoS 前提下，综合分析业务传输对系统资源利用的整体影响，优化分配策略，降低拥塞风险，提高资源利用率。

2.7.3　网络及用户管理

高通量卫星通信系统的网络管理应采用分层的、模块化的架构设计，支持大规模用户和网络节点的管理。网络管理利用容器虚拟化等技术，对系统的硬件资源进行虚拟化管理，将系统中的应用按业务进行拆分，并实现分布式容器化部署，有效提高资源的利用率，降低应用之间的影响，同时实现系统的弹性伸缩、高可用度及灵活扩展。网络管理系统逻辑架构如图 2.37 所示。

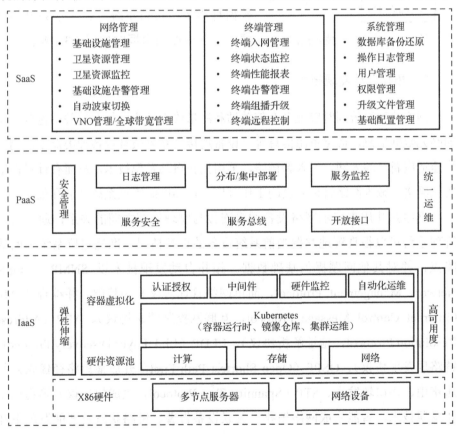

图 2.37　网络管理系统逻辑架构

1. 任务并行调度技术

网络管理系统需要采集大量的任务信息，用于数据分析、统计、显示等，大量的任务信息包括网元采集任务、告警处理任务、配置管理任务、系统管理任务、设备管理任务等，网络管理系统采用任务并行调度技术，保证任务按时、精确地执行。

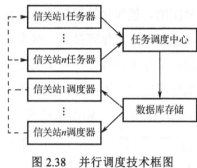

图 2.38　并行调度技术框图

任务并行调度技术首先从每个任务器中获取元数据，经过任务调度中心统一安排调度，存入数据库中保存，最后由调度器执行。这个技术解决了系统数据量大、数据种类多、接口不统一、交互频繁等问题。并行调度技术框图如图 2.38 所示。

2. 拓扑自动发现技术

网络管理系统同时管理多个信关站和海量终端用户，每个信关站包含大量的网元数据信息、链路资源信息等，设备连接关系复杂且设备种类众多，为了快速适应新终端入网、引入新链路，采用拓扑自动发现技术，从而有针对性地优化网络，减少网络管理人员的工作难度，提高网络管理系统性能和效率。

网络拓扑用来表示网络设备逻辑连接与物理连接之间的关系，通过网络管理系统可以很直观地掌握当前系统设备的运行情况、准确定位系统中的故障点，并对其他问题提供基础数据。拓扑自动发现技术以 SNMP（Simple Network Management Protocol，简单网络管理协议）为基础，并综合 ICMP（Internet Control Message Protocol，互联网控制消息协议）、ARP（Address Resolution Protocol，地址解析协议）、LLDP（Link Layer Discovery Protocol，链路层发现协议）、OSPF（Open Shortest Path First，开放最短路径优先）邻居路由、端口转发表、STP（Spanning Tree Protocol，生成树协议）等物理拓扑发现技术，智能生成网络拓扑，关联设备告警、链路状态及智能发现下挂设备，自动勾画出整个系统的拓扑结构。

采用拓扑自动发现技术的网络管理系统能实时显示系统中设备的告警信息，并在拓扑图上显示；能实时显示链路状态，并以颜色区分不同状态的结果；能实时显示链路的使用性能，包括带宽、流量使用情况，帮助网络管理人员实时掌握网络使用情况和设备运行状况，有效提升系统效率。

3. 预测与健康管理技术

随着高通量卫星通信网络设备的种类增多、终端入网数量增多，传统的故障诊断、维修保障技术已不能满足要求，预测与健康管理技术应运而生。预测与健康管理技术指借助信息技术、人工智能推理算法、大数据技术来监控、管理和评估整个系统的自身健康状态，在系统出现故障之前，对其进行预测分析，提供故障原因概率分析、定位故障位置，为科学维护保障建议或决策提供依据。

预测与健康管理技术一般涉及以下几个方面：

（1）数据采集：采集设备相应的参数，并将其按照一定的规则转换成待传输的信号；

（2）数据处理：利用人工智能、大数据等技术，对采集的数据进行一系列预处理、特征提取、同类或异类数据的信息融合等处理后加以判断；

（3）评估与预测：利用大数据建模，对处理后的数据进行分析，预测算法及失效模型，评估系统状态，预测系统健康状况的变化趋势。

预测与健康管理技术是对系统未来健康状态的预测，变被动维护为主动预测维护的先导性活动，大大提高了系统的可靠性，降低了人工和时间维护成本。

4. 网络资源虚拟化

采用网络资源虚拟化技术，使系统资源与物理配置松耦合，通过对不同类型、不同级别业务设置相应权限，实现资源之间的优势互补、灵活调用。同时，网络资源虚拟化提升了网络的柔性扩展能力。

采用物理资源层、虚拟资源层和虚拟网络层三层架构，实现网络资源的虚拟化调度应用。物理资源层实现物理资源库的建立，通过对不同物理资源的整合，完成资源注册、语义采集、语义分析等操作；虚拟资源层基于物理资源，分析系统资源能力，生成虚拟资源并定义配套属性；虚拟网络层完成业务与虚拟资源匹配。网络资源虚拟化结构如图 2.39 所示。

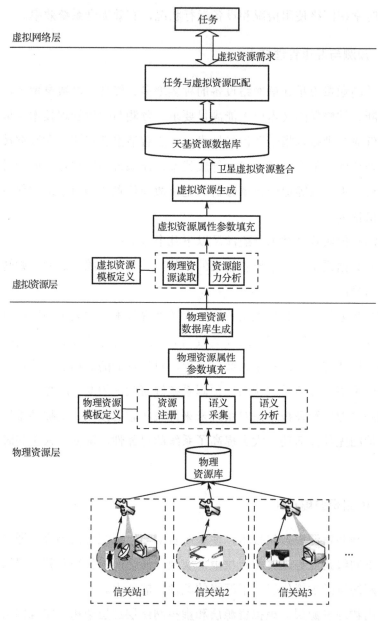

图 2.39　网络资源虚拟化结构

（1）任务与虚拟资源匹配。

通过对资源的分析与调度，将可用资源按业务需求进行最优配置，保障系统在最佳时间运用最优资源为通信业务进行服务保障。面向业务需求的资源封装结构如图 2.40 所示。

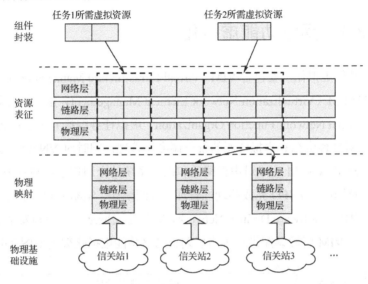

图 2.40　面向业务需求的资源封装结构

（2）虚拟资源调度。

业务经资源预处理后，可匹配多个可用资源，通过调度优化算法，基于负载均衡最大化或系统收益最大化，完成对各业务虚拟资源的分配。

（3）资源共享。

通过虚拟资源的匹配和调度，将业务分解为对虚拟资源的需求。当系统资源充足时，占用满足业务需求的空闲载波资源，实现资源共享；当系统资源紧张时，基于 QoS 策略，为高优先级业务分配满足其 CIR 的资源，低优先级业务共享空闲资源。

2.8　终端产品及前沿技术

根据全世界几家最大的卫星通信产品制造商、服务运营商及服务提供商，如 Hughes 公司、Gilat 公司、Viasat 公司和 iDirect 公司等企业的总结与展望，2020 年往后的十年，高通量卫星通信领域有以下几个应用发展方向：新一代平板天线、卫星 M2M（Machine to Machine，机器到机器）应用天线、机载应用、基站卫星回传、社区 WiFi 服务、SD-WAN（软件定义广域网络）应用等。

2.8.1　网络功能虚拟化

网络功能虚拟化主要包含 VIM（Virtual Infrastructure Management，虚拟设施管理）、VNEM（Virtualization Network Element Management，虚拟网元管理）和 VNFO（Virtual Network Function Organization，虚拟任务编排）三项功能，其中，VIM 完成对硬件资源和虚拟资源的统一调度与管理，同时对 VNFO 资源申请进行反馈与操作；VNFM 完成对虚拟网元和操作系统的全周期监控与管理，对 VIM 资源配置及调度；VNFO 完成移动性管理、资源统计、策略控制、信息管理、路径管理、SDN（Software Defined Network，软件定义网络）管理和安全策略的任务编排，对 VIM 资源调配进行策略规划。网络功能虚拟化架构如图 2.41 所示。

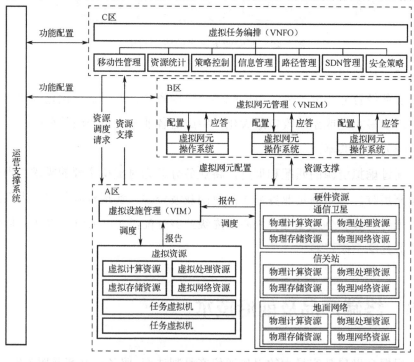

图 2.41　网络功能虚拟化架构

2.8.2　新一代平板天线

航空、航海、陆地移动等宽带化、网络化应用场景的通信需求不断增加，对高通量终端天线提出新的发展需求，要求利用更高效的天线技术和频谱技术，研制低轮廓和多波束天线，以满足各类场景下的通信需求。

在集成电路技术、新型材料技术和微波控制理论大力发展的前提下，新一代平板天线的实现成为可能，重点采用芯片级相控阵技术、超材料波束形成技术和光学波束形成技术开展新型平板天线的研制。

（1）芯片级相控阵技术。

利用数字波束形成的专用集成电路芯片开展芯片级相控阵技术研究，将 ASIC（Application Specific Integrated Circuit，专用集成电路）芯片与贴片天线组合形成基础天线元件，采用嵌入式微处理器动态控制各元件的信号相位，实现任何方向上的波束形成，并极大降低相控阵天线的生产成本。

（2）超材料波束形成技术。

超材料是一种具有特殊属性的新型材料，能够完成对信号的吸收、增强、转向或阻挡，通过利用可调谐的元件结构对微波信号进行散射处理，实现全息波束的创建。当进行信号通信时，利用软件改变被激活的可调元件的分布，从而控制散射信号的波束辐射方向，同时调节被激活可调元件的模式，可以实现极化方式和极化角度的改变。

（3）光学波束形成技术。

光学波束形成技术是利用计算建模、材料科学和微波电子学创建的一种新型波束折射形成器，该项技术将天线电路元件减少为原来的 5%至 30%，极大降低了产品功耗和生产成本。光学波束形成天线由多个类似光学透镜的可扩展模块组成，通过控制微波折射度，将有源阵列上的能量辐射为不同方向的波束。

2.8.3 龙勃透镜天线

龙勃透镜原理普适于所有电磁波，目前工程上已实现的龙勃透镜是一种微波人工电磁材料，由多层密度、介电常数或等效介电常数分布均匀/非均匀的介质材料构成，一般设计成中心对称球体（以获得各向同性特征），理论上也可以设计成任意形状。其典型特征是各层介质的介电常数由透镜中心向表面递减或递增。该分布特性使得龙勃透镜具有较好的聚焦/散焦特点，能够将入射的电磁波汇聚到透镜焦点或发散到特定方向，天然可以利用焦点阵列/阵面实现多波束。龙勃透镜具有高增益、低副瓣、高反射率等良好的天线特性，使其在卫星通信、导航、雷达抗干扰等领域具有广泛的应用前景。

1. 龙勃透镜工作原理

一个典型的聚焦型、对称球体龙勃透镜的工作原理如图 2.42 所示。电磁波经透镜焦点（馈源 S 处）发射，在透镜内部沿椭圆的四分之一边路径传播，在口径面处转换为等相位的平面电磁波，形成高定向辐射波束。利用电磁波的可逆性原理，入射的平面电磁波经透镜汇聚于焦点处。

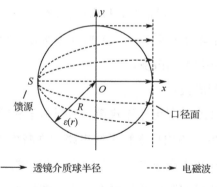

图 2.42　聚焦型、对称球体龙勃透镜工作原理图

龙勃透镜的介电常数 ε 沿透镜径向分布表达式为

$$\varepsilon(r) = n^2(r) = 2 - \frac{r^2}{R^2}$$

式中，n 为透镜上某点的折射率；r 为透镜上某点到球心的距离；R 为透镜介质半径。由上式可以看出，透镜中心的介电常数为 2，透镜表面的介电常数为 1，介电常数由中心向表面逐渐变小，且成高度对称性分布。理论上，龙勃透镜表面一定距离处的任意一点均可作为焦点，在该处放置多个馈源，即可实现多向多波束扫描。

2. 龙勃透镜天线类型

龙勃透镜天线是一种基于透镜原理改变电磁波传播方向（如实现电磁波汇聚等功能）的新型天线，按照波束类型，可分为单波束天线、多波束天线和赋形天线。无论哪种天线，龙勃透镜的作用都是通过聚焦提高天线增益，但是在提高增益的同时，龙勃透镜天线的覆盖范围会收窄，实现强信号的深度覆盖，其通常适用于狭长地区（桥梁、隧道、高铁等）的纵深通信覆盖。在控制好馈源的互耦效应的情况下，多波束天线能够同时覆盖很大的范围，具有端口隔离度高、水平旁瓣低、波束间干扰小、覆盖均匀、损耗小、质量小、设计简单、可靠性高等特点，适用于场馆、车站、广场、高校等场景。赋形天线支持特殊赋形方向图的通信覆盖，具有馈电网络简单、体积小、质量小、损耗小、效率高等特点，适用于高铁、高速公路、场馆等特殊场景的通信覆盖。

按照天线形态，龙勃透镜天线可分为球形龙勃透镜天线、椭圆龙勃透镜天线、半球龙勃透镜天线和平面龙勃透镜天线等。其中，球形龙勃透镜天线与椭圆龙勃透镜天线结构的稳定性一般、剖面高、不易共形，但透镜的焦点与馈源的匹配程度较好；半球龙勃透镜天线结构稳定性较强，可搭载馈源种类多样，但未实现小型化和低剖面；平面龙勃透镜天线剖面最低，结构稳定性最强，馈源搭载较为容易。

一般而言，透镜天线具有高增益、低副瓣、高反射率、极化不敏感、宽波束扫描和波束方向易切换控制等特点，可支持多波束通信。

3. 龙勃透镜应用场景

龙勃透镜在复杂的实际工程应用中具有独特的优势，其在宽覆盖的大容量通信、有遮挡性的特殊通信及高通量多星接入通信等场景有着广泛的应用前景。

（1）宽覆盖的大容量通信。

直播、短视频、网络游戏等大量数据应用的涌现，促使移动网络的流量业务高速发展。基站扩容面临着频段资源受限、站间干扰严重、物理站址协调困难等问题，使得 LTE（Long Term Evolution，长期演进技术）网络容量问题日益明显。高通量卫星的大容量、高速率以及龙勃透镜天线的多波束、广辐射特点，可有效解决上述问题，二者的高效结合，可以满足大容量通信覆盖场景的使用需求。同时，通过龙勃透镜天线替代原有的平板天线，减少单位通信区域内的站点布设个数；另外，通过高通量卫星实现信号的拉远通信，可进一步减少接续站点的部署，达到"降本增效"的效果。

（2）有遮挡性的特殊通信。

高速公路/高铁等干线通信场景对移动数据的需求量与日俱增，现有资源难以满足不断涌现的需求。如何在新建设的卫星通信网络基础设施不足的情况下，最大化提供并加强通信服务质量，是网络规划建设亟须解决的问题。高通量卫星可为交通干线区域提供加强型通信覆盖；通过与龙勃透镜技术的有机结合，实现对高铁、大桥、隧道等特殊场景的通信接入。相较于高铁沿线采用的传统高增益天线，龙勃透镜天线的水平波瓣宽度更窄，可以提供更高质量的信号强度，但其通信覆盖范围也相应收缩，因此将龙勃透镜天线和传统板状天线相结合，可以提供更广、更强的通信服务。

（3）高通量多星接入通信。

高通量卫星正向星座化、组网化方向发展，地面信关站将部署多面天线以实现对多颗卫星的分别指向。多面天线在进行目标跟踪时易出现相互遮挡及相互干扰的现象，极大降低系统的通信效率。龙勃透镜天线独特的形状和电特性，使其在天线宽频带、宽角范围、多波束扫描等方面表现出色，能够轻易实现一副天线接收多颗卫星信号，支持宽角度的多波束覆盖，非常适用于多卫星跟踪、宽带高数据率卫星通信、局部点对多点通信等场景，可有效降低信关站的建设难度，减少站址部署，提高经济效益。

此外，由多个小型龙勃透镜天线构成的阵列，与同口径尺寸的抛物面天线相比具有更小的体积、质量和风阻，适宜高速行驶平台上的应用。同时，由于龙勃透镜天线球体由聚苯乙烯等高分子聚合物组成，因此其在潮湿、盐雾等恶劣环境下具有更稳定的性能，适用于海洋通信场景。

4．龙勃透镜应用案例

国内外已全面开展对龙勃透镜天线的研究及应用，其在移动通信领域已有相对成熟的应用案例。

2020 年，中国卫通集团股份有限公司（简称中国卫通）向合肥若森智能科技有限公司生产的基于龙勃透镜阵列的相控阵"动中通"车载卫星通信天线发放了入网许可证。同年，利用龙勃透镜质量小、抗冲击能力强的特点，用该天线的同型材料构成的新天线仿真实现了在 $3000°/s^2$ 的角加速度情况下天线及伺服系统不失效的设计（美军野战车辆的标准为在 $400°/s^2$ 时不失效），这意味着新型龙勃透镜相控阵天线不仅可以安装到轮式越野车辆上，也可以安装到履带式越野车辆上，在运动中使用。2021 年，研究人员基于亚太 6D 高通量卫星，进行了卫星通信调制解调器与车载超薄型龙勃透镜天线的联合测试，亚太卫星实现了小型轿车在高速公路 120km/h 速度下车载终端下行 250Mbps、上行 120Mbps 高速通信，创造了小型车载终端通信速度的纪录。其采用的龙勃透镜天线测试产品阵列如图 2.43 所示。

图 2.43　龙勃透镜天线测试产品阵列图

综上所述，无论是在结构上还是在性能上，龙勃透镜天线都有非常优异的表现，其辐射单元少，馈电网络简单，可靠性高，功耗低，质量小，更适合多波束。然而由于一方面受限于龙勃透镜天线的技术和产业成熟度；另一方面，龙勃透镜天线属于专利技术，只有少部分厂商掌握，龙勃透镜天线在短时间内无法全面取代传统天线。

2.8.4　卫星 M2M 应用天线

M2M 是一种广泛应用于交通、水利、电力、石油等行业的智能化通信交互方式，其常用的天线类型包括嵌入式天线、杆状天线和甚小孔径终端（VAST）天线。

（1）嵌入式天线。

嵌入式天线采用多频段内置天线，以电流方式与产品的辐射面连接，通过对元件的调整，保障其辐射有效性。嵌入式天线因其特有的物理属性，具有唯一的电磁特性。

（2）杆状天线。

杆状天线部署于终端外部，对元件的调整使其在规定频段内辐射有效，达到最佳通信效果。

（3）VSAT 天线。

VSAT 天线常用于 Ku 频段或 Ka 频段的通信连接，为保障使用的便捷性，采用的口径通常小于 1m。

2.8.5　机载应用终端

美国 Viasat 公司已针对航空机载应用提出一系列服务方案，面向不同用户群体提供定制化通信服务。基于其全球部署的航空通信网，可为空勤作业人员提供全动态视频、安全电话、加密网络访问等服务，实现飞行中的关键任务通信保障。对于情报侦察和监视等军事任务，该网络可向战区、指挥官等提供高清动态监控及侦察视频，支持超视距指控指挥。目前 Viasat 公司的数十款兼容性通信终端和主站部署于美国国防信息系统局电信港，支持全球性访问美国国防部和联军数据接入点。

2.8.6　基站卫星回传产品

卫星与 LTE 融合技术及卫星与 3G 融合技术已在全球范围内广泛应用，目前各大公司正大力开展卫星与 4G 的融合部署，以解决欠发达地区的通信网络接入问题。Jupiter 高通量卫星通信系统的 4G/LTE 优化技术节省了 30%～60% 的通信带宽，Gilat 的蜂窝回程技术为其带来了该领域 35% 全球市场份额占比。

新型的 VSAT 调制解调器采用多核处理、协议优化和应用加速等技术，实现了 LTE 功能的融合，其终端通信速率可达 150Mbps，在提升性能的基础上，简化了设备配置，降低了产品成本。基站卫星回传系统架构如图 2.44 所示。

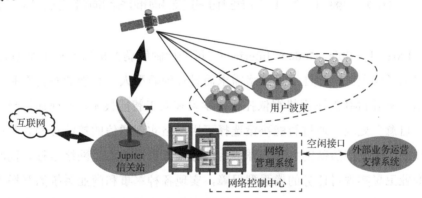

图 2.44　基站卫星回传系统架构

2021 年，航天恒星的 Anovo 高通量卫星通信系统与中国联通、中国移动等运营商在中星 16 号卫星上进行了卫星回传测试，在终端站 0.7m 天线配置 6W 功放的前提下，下载速率高达 150Mbps，上传速率高达 50Mbps，完成高清视频传输、大数据传输任务。未来随着卫星参数、终端室外单元配置的提升，回传速率也会随之大幅提升。

2.8.7　社区 WiFi 应用系统

社区 WiFi 热点应用可为用户提供高速、低成本的互联网络接入服务，是解决拉丁美洲、非洲和东南亚地区网络接入问题的重要手段。Hughes 公司的 Jupiter 高通量卫星通信系统已在该领域开展了大量的研究与建设部署，目前已为全球 32000 多个社区提供 WiFi 热点服务，为超过 2500 万人带来卫星宽带接入。

Jupiter 高通量卫星通信系统前向采用 DVB-S2X 技术，单载波带宽可达 235Msps，单机柜容量可达 10Gbps。卫星终端支持 400Mbps 的数据吞吐，提供 16000 个 TCP 会话，非常适合社区 WiFi 应用场景。

2.8.8　基于人工智能的可变调制解调器接口技术

FMI（Flexible Modem Interface，可变调制解调器接口）技术是 Hughes 公司为了满足美军弹性卫星网络需求而设计的新型人工智能业务管理和控制技术，采用 FMI 的军用终端依托机器学习和人工智能技术，实现通信异常时的"自愈"处理，通过智能决策选择可用网络实现通信的接续传输。利用这项技术，美国国防部的各种全球应用能够通过自己的卫星网络运行，同时借助商业卫星实现对任务的增强型保障，实现各种军事和商业系统的互操作。

2018 年 12 月，Hughes 公司为美国军方成功演示了 FMI 技术，实现对全网卫星、服务提供商、通信终端等运行状态的全面展现，并通过智能决策做出最优调度研判。同时，FMI 技术为美国空军提供更为优质的卫星通信能力，使其通信网络弹性更强，更易使用，价格也更为实惠。美军自适应卫星通信网络架构如图 2.45 所示。

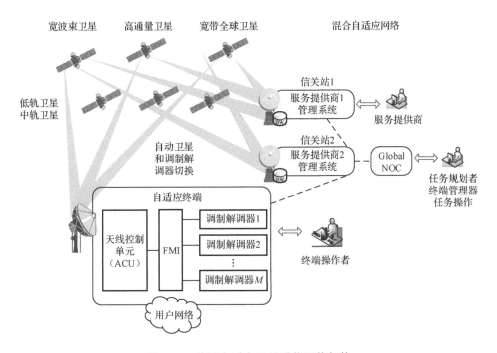

图 2.45　美军自适应卫星通信网络架构

2.8.9　全球卫星通信架构和视距战术网络技术

2018 年，Viasat 公司推出安全的云端人工智能和机器学习应用，为作战人员提供安全、集成的云解决方案网络，使其做出更准确、更明智、更能减少伤亡的作战决策。在该技术的展示过程中，Viasat 公司通过集成 Link16 战术数据链、移动点对点网络、WiFi 和 LTE 技术来提供全面的通信解决方案，为作战通信网络提供安全、高速、灵活的骨干连接，并将网内通信终端接入富媒体 AI（人工智能）和机器学习应用程序，进一步增强了战术优势的态势感知，实现了美国政府新兴的作战概念。

同时 Viasat 公司提出 HAN（Hybrid Adaptive Network，混合自适应网络），为军事应用提供安全的 IoBT（Internet of Battlefield Things，战场物联网）和云应用操作。HAN 为端到端通信提供创新性服务访问，支持用户在不同的网络之间无缝运行，构建端到端的分层弹性网。

第 3 章

高通量卫星载荷

高通量卫星载荷是高通量卫星通信系统的重要组成部分，主要实现电磁波信号的接收、处理及发射。与传统通信卫星相比，高通量卫星能够大幅提升系统的通信容量。

由于高通量卫星通信系统容量主要由卫星天线产生的点波束数量、卫星天线每个点波束的可用带宽（频率复用能力）、卫星系统采用传输体制的频谱效率及转发器等因素决定，本章首先对高通量卫星载荷的技术特点及高通量卫星的容量进行了详细的介绍，然后研究对比了当前通信卫星有效载荷和高通量卫星有效载荷的功能，最后分别对多波束天线、数字透明转发器进行了详细的分析与介绍。

3.1　高通量卫星载荷的技术特点

高通量卫星有两个关键技术特征：①使用点波束覆盖服务区域；②非相邻点波束中分配带宽的频率复用。本节针对这两项关键技术特征进行简单的描述。

3.1.1　点波束覆盖

高通量卫星使用点波束覆盖一个小的地理区域，大量的点波束镶嵌在一起，像马赛克一样覆盖在所需区域。这与传统的通信卫星不同，传统通信卫星一般使用一个或多个宽波束进行区域覆盖。

当前，大多数高通量点波束是大小相同、均匀分布的，如中星 16 号卫星。也有大小不同、分布不连续的用户点波束，如欧洲通信卫星公司 2010 年推出的 Ka-Sat 卫星、亚太星通于 2020 年推出的亚太 6D 卫星等。

3.1.2　频率复用

高通量卫星使用多点波束来覆盖服务区域，可通过频率复用的方式，在分配同等带宽的情况下，提升卫星容量。

频率复用技术包括空间复用和正交极化复用两种方法。

（1）空间复用：将一段可用带宽分配给卫星后，带宽会被划分成若干子带，每一个波束使用其中的一段频率。由于高通量卫星覆盖范围广，相同频率段可通过空间隔离，在满足隔离度的情况下，被多次使用，从而实现频率复用，提高系统的容量；

（2）正交极化复用：指在同一波束区内，利用正交极化波间的隔离特性实现频率复用，增加卫星容量。

用频率复用因子来衡量频率复用率，其定义如下：

$$F_R = \frac{N_P N_B}{N_C}$$

式中，N_P 是极化数（1 或 2），N_B 是卫星的波束数，N_C 是所使用的颜色数。当一段完整的可用带宽被分配给卫星时，带宽会被划分为几个子带。然后对子带采用左旋极化或右旋极化，每个子带和极化类型共同构成一种颜色。为防止各子带间出现干扰，通常会预留 5%～10%保护频带。图 3.1 分别给出了三色、四色、六色复用的示例图。

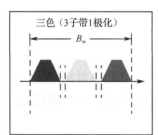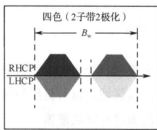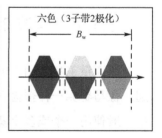

图 3.1　三色/四色/六色复用示例图

将每种颜色分配到一个点波束中，并在不重叠波束中尽可能多地重复使用。点波束被镶嵌覆盖在所需的地理区域。国内第一颗高通量卫星中星 16 号卫星便采用了四色复用（2 子带 2 极化），实现了 26 个用户波束的覆盖。

3.2 高通量卫星的容量

高通量卫星的容量是传统通信卫星的数倍甚至数十倍，卫星容量直接反映了卫星通信能力的大小，要想发挥高通量卫星的重要作用，就必须尽可能提升高通量卫星的容量。本节从带宽和功率两个角度对卫星容量的限制因素展开介绍，并对提升高通量卫星容量的限制因素进行逐一分析。

3.2.1 受带宽限制的卫星容量

从分配带宽到总容量转换的步骤如图 3.2 所示。

图 3.2 从分配带宽到总容量转换的步骤

首先我们只考虑从分配带宽到卫星网络的可用带宽，总容量随分配的带宽线性增加，但分配带宽受限于卫星的发射功率（相关内容会在本书 3.2.2 节展开阐述）。当分配带宽为 B_a 时，其总的可用带宽 B_{TOT} 可通过下式计算：

$$B_{TOT} = N_B \times \left(\frac{N_P B_a}{N_C} \right)$$

式中，N_B 为总的波束数，N_P 是极化数（1 或 2），N_C 是所使用的颜色数；B_a 为分配给网络的带宽资源，单位为 MHz。

由此可知，频率复用因子亦可表示为

$$F_R = \frac{B_{TOT}}{B_a} = \frac{N_P N_B}{N_C}$$

多波束卫星网络容量的单位通常用 bps 来表示。多波束卫星的容量主要取决于采用的调制类型、编码、多址方式和其他网络性能特征等因素。假设

卫星传输的频谱效率为 β，则多波束卫星网络的容量 C 可表示为

$$C = \beta \times F_R \times B_a \times (1 - \eta_s) = \beta \left(\frac{N_P N_B}{N_C} \right) B_a (1 - \eta_s)$$

式中，β 为频谱效率，单位为 bps/Hz。η_s 为子带间的保护带，一般为 5%～10%。

通过分析高通量卫星容量的定义可知，对于高通量卫星来说，提升卫星容量的方式有三种：①扩大可用带宽；②提高频率复用率（多点波束覆盖）；③提高频谱效率。卫星容量的提升方法分解图如图 3.3 所示。

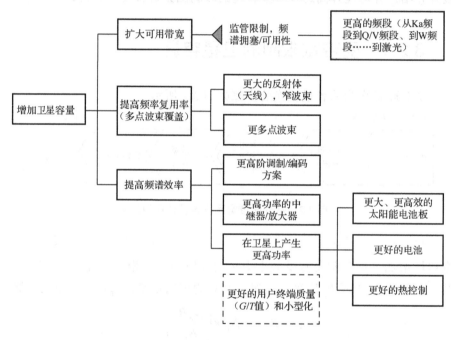

图 3.3　卫星容量的提升方法分解图

（1）扩大可用带宽。

提升卫星容量的第一个手段就是扩大分配给卫星的可用带宽，但分配的带宽由频谱可用性及 ITU 的分配确定。目前，Ku 频段及其以下的频谱高度拥塞，且卫星可用的带宽受到规定的限制，无法轻易扩展。只可从以下两方面做适当的提升：①高频段的可用带宽更大，可通过使用 Ka 或 Q/V 这样的高频段来建立通信；②馈电链路和用户链路使用不同的频段。

在很多中低轨高通量卫星星座中，卫星间链路都采用 V 频段。除了现在已在应用的 Ka 频段和 Q/V 频段，W 频段（75～110GHz）和激光通信也可用于高通量卫星，以获得更大的带宽。然而 Ka 及以上频段更容易受到传播衰减和雨衰的影响，在长期潮湿或阴天天气条件下的地理区域，无论是在用户终端侧（通常是 Ka 频段），还是在信关站侧（通常是 Q/V 频段），链路的可用性都较低。

（2）提高频率复用率。

从前面介绍的频率复用率定义 $\left(F_R = \dfrac{N_P N_B}{N_C}\right)$ 中可以看出：极化数 N_P 只可取值 1 或者 2；使用的颜色数是分母项，具有下界约束，且为了使颜色在不相邻光束中重用，N_C 最小值只能取 3。因此，提升频率复用率最有效的方法就是增加卫星的波束。

在卫星发射功率足够的前提下，要想增加给定区域点波束的数量，从而增加卫星容量，必须降低波束宽度。由于波束宽度与频率和天线反射面的直径成反比，因此需要使用更高频段或更大口径的卫星天线。在增加频段方面，当前的高通量卫星正从 Ku 频段向 Ka 频段和 Q/V 频段进行转变。增加卫星天线反射面的尺寸在一定程度上受到目前运载火箭整流罩尺寸的限制。因此，发展更大口径、更适合点波束网络使用的卫星天线尤为重要，关于此方面内容将在本书 3.4 节中进行详细介绍。

（3）提高频谱效率。

频谱效率反映了在单位带宽中每秒可携带的信息比特数，在幅度和相移键控、正交振幅调制等卫星通信常见的调制编码方式下，频谱效率可表示为

$$\beta = \frac{\rho}{\alpha} \log_2(M)$$

式中，M 代表相位个数（相位个数由调制阶数决定），ρ 为前向纠错编码率，α 为滤波器的滚降系数。

前向纠错编码率 ρ 是传输的信息比特数与实际比特数的比值。低码率意味着信道可以容忍/纠正更多的错误（或容忍更低的信噪比），但同时也在信号中加入了大量的冗余比特，需要综合考虑，调整范围有限。滤波器的滚降系数 α 用于减少数字调制中的干扰，通常在 10%～20% 范围内，可调范围有

限。因此，提高频谱效率的唯一有效手段就是提高调制的阶数。

卫星通信有几种调制和编码方式，例如，幅度和相移键控（APSK）以及正交振幅调制（Quadrature Amplitude Modulation，QAM）。两种方式都利用载波振幅和相位的同时变化来传输一个包含多比特信息的"符号"。图 3.4 展示了 16-QAM 和 16-APSK 调制编码方式。

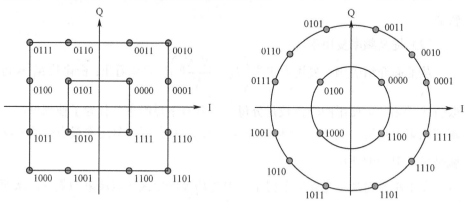

图 3.4　16-QAM（左）和 16-APSK（右）调制编码方式示意图

随着相位个数的增加，相位/振幅增量变得越来越小，接收机区分信号和噪声变得越来越复杂和困难，因此，高阶调制需要更高功率的放大器。对于卫星来说，这意味着需要更高的星载功率及更高效的放大器。

综上所述，更高阶的调制和编码方式可以提高频谱效率，但这反过来又需要更高功率的放大器和更高功率的卫星，需要更大、更高效的太阳能电池板。

3.2.2　受功率限制的卫星容量

正如前面所讨论的，卫星容量不仅受到带宽的限制，还受到卫星上的功率资源的限制。香农定理给出了噪声信道的理论最大容量，对于前面讨论过的调制和波形，其表达式为

$$R = \frac{\beta}{2^{\beta}-2} \times \left(\frac{S}{N_0}\right) = \frac{\beta}{2^{\beta}-2} \times (P_{RF} G_{sat}) \times \left(\frac{G}{T}\right) \times \frac{1}{k} \times \frac{1}{L_{fs}L_{atm}}$$

其中，$\frac{S}{N_0}$ 为信噪比，G_{sat} 为卫星发射天线（接收系统方向）的增益，P_{RF} 为

馈送给发射天线的射频功率，通常为卫星功率的 35%～45%，k 为玻尔兹曼常数，L_{fs} 为自由空间损耗（与距离和频率有关），L_{atm} 为大气损耗（与频率有关），$\dfrac{G}{T}$ 为地面接收系统的能力（与天线直径和噪声温度有关）。

通过以上分析可知，提高受功率限制的高通量卫星容量的方式有三种：①提高馈送给卫星发射天线的射频功率；②增加卫星发射天线增益；③增强地面接收系统的能力。

卫星的实际容量将是带宽限制和功率限制相互作用的结果，前者受到后者的约束。

3.3 有效载荷架构

本节将对当前通信卫星的有效载荷进行详细描述，并提出高通量卫星载荷新的发展方向——数字有效载荷，对其功能架构、关键技术等内容进行介绍。

3.3.1 当前通信卫星有效载荷

通信卫星有效载荷包含两个分系统，即天线分系统和转发器分系统。天线负责电磁波的接收和发射，转发器负责信号的放大和处理。与传统通信卫星相比，高通量卫星能够大幅提升系统的通信容量，高通量卫星有效载荷架构要满足与宽带接入相关的特定功能要求。

当前高通量卫星的有效载荷是在传统通信卫星有效载荷的基础上发展起来的，本节我们将从传统通信卫星有效载荷介绍到当前高通量卫星有效载荷，并对两种载荷进行差异性分析。

1. 传统通信卫星有效载荷

图 3.5 显示了传统通信卫星有效载荷的功能框图，可以看出，传统通信卫星的有效载荷包含天线系统、转发器两大系统。转发器包括 LNA（Low

Noise Amplifier，低噪声放大器）和 OMUX（Output Multiplexer，输出多路复用器)以及两者之间的设备,转发器输入为LNA输入,转发器输出为OMUX输出；天线系统包括上行天线和下行天线。

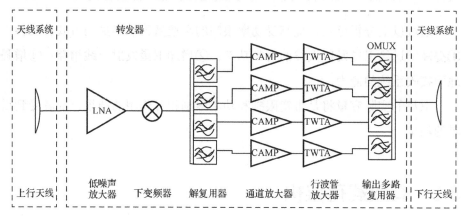

图 3.5　传统通信卫星有效载荷的功能框图

卫星载荷进行信号中转的过程如下。

（1）上行卫星信号由上行天线接收，上行天线接收上行信号后，由低噪声放大器（LNA）进行放大处理。

LNA 和天线的性能直接影响有效载荷的接收性能，即接收系统的增益与噪声温度之比（G/T 值）。卫星载荷上行天线的设计与上行服务区密切相关，可根据商业需求进行天线覆盖形状的设计，覆盖的波束可以是圆形、椭圆形或者赋形波束；LNA 的噪声系数是其物理温度的函数，为降低 LNA 的噪声系数，在进行有效载荷设计时，通常会为 LNA 配备散热子系统以降低其物理温度，改善 LNA 噪声系数，并最终改善有效载荷的 G/T 值。

（2）卫星的上行链路频谱通常比下行链路频谱的频率更高，因此，上行链路的频谱必须通过下变频器进行下变频，再由变频器馈入 DEMUX（Demultiplexer，解复用器），也称为 IMUX（Input Multiplexer，输入复用器）。

DEMUX 是有效载荷的输入宽带单元和信道化单元之间的接口。DEMUX 是一系列带通滤波器，每个通道都有一个带通滤波器，带有信号分配系统，因此输入端的频率复用信号位于多个端口，每个通道在特定端口可用。Ku 频段及以下的典型信道带宽为 27MHz、33MHz、36MHz、54MHz 和 72MHz。

为保持平坦的带内性能和带外抑制，DEMUX 滤波器通常选用十阶椭圆滤波器。

（3）DEMUX 将信号传输至通道放大器和 HPA（High Power Amplifier，高功率放大器），HPA 通常为 TWTA（Traveling Wave Tube Amplifier，行波管放大器）。CAMP（Channel Amplifier，通道放大器）具有信号调节功能，包括低电平放大，可为 HPA 的预期工作点和工作模式的选择提供驱动功率。

（4）HPA 的输出馈入 OMUX。OMUX 功能与 DEMUX 的功能是互逆的，但实现方式不同。

（5）最后，信号通过下行天线输出。

通常，传统通信卫星有效载荷在上行链路上采用两个极化，在下行链路上也采用两个极化。上行链路和下行链路极化是正交的。双极化传统通信卫星有效载荷的功能框图如图 3.6 所示，其中有效载荷的上半部分以线性极化 X 接收，以极化 Y 发射；下半部分以极化 Y 接收，以极化 X 发射。

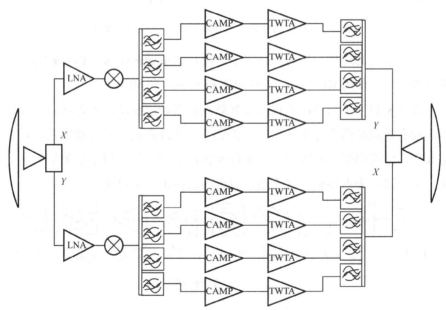

图 3.6　双极化传统通信卫星有效载荷的功能框图

2. 当前高通量卫星有效载荷

高通量卫星通信系统是围绕宽带接入业务进行优化的，有效载荷是系统的一个组成部分，高通量卫星有效载荷是从传统通信卫星有效载荷演变而来的。

图 3.7 显示了传统高通量卫星有效载荷的基本频率规划，从图中可以看出：前向链路实现从信关站到用户端的通信，因此在上行信关站频带接收信号，并在下行用户频带中发送信号；反向链路执行反向功能，使用上行用户频带和下行信关站频带。

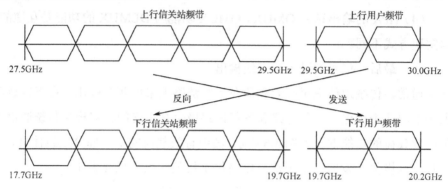

图 3.7 传统高通量卫星有效载荷的基本频率规划

在当前的高通量卫星通信系统中，用户波束通常在 Ka 频段或 Ku 频段。馈电波束通常使用 Ka 频段，也可使用 Q/V 频段和 W 频段。

图 3.8 显示了当前高通量卫星有效载荷的功能框图，包含前向有效载荷和反向有效载荷两个分系统。一般来说，Ka 频段高通量卫星通信系统对信关站和用户终端都采用圆极化。为了最大化利用信关站，每个信关站有两个极化，用户波束为点波束，每个用户波束通常使用一个极化。

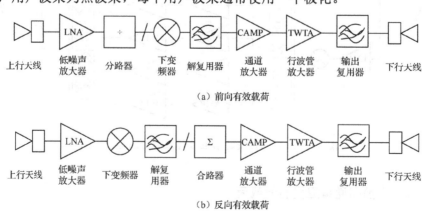

图 3.8 当前高通量卫星有效载荷的功能框图

（1）前向有效载荷的工作流程。

如图 3.8（a）所示，前向有效载荷包含来自地面信关站的上行链路和下发到用户波束的下行链路，其主要工作流程如下。

① 上行信号被上行馈电链路频带中的 LNA 放大，并向下转换为用户下行频带。因上行馈电链路频带大于用户下行频带，变频过程较传统卫星转发器更为复杂。

② 信号转换为用户下行频带后，通过 CAMP 放大来自滤波器的信号并驱动 TWTA。

为了确保下行信号的质量，放大器通常在自动增益控制模式下工作：当降雨发生在信关站上行天线上时，信关站会试图在卫星上行天线上保持相同的功率，确保卫星的信噪比恒定。但信关站的射频功率有限，随着降雨量的增加，上行功率达到最大值，卫星的信号电平便开始下降，上行信噪比也开始下降。此时，可以激活自动增益控制，通过引入更多的增益来保持 TWTA 驱动电平。自动增益控制能保持恒定的 EIRP，在一定程度上缓解降雨带来的信号衰减。

如果 TWTA 携带单个数据流就可占据完整的波束通道，放大器可达到饱和或接近饱和状态，便可最大化提供功率使用率。然而，当前数据流的吞吐量是每秒几百兆比特，波束通道达到千兆比特或更多，需要多载波、大量数据流来填充信道。当载波数目较多时，TWTA 需要至少 2～3dB 的回退。随着技术的不断提升、载波数量的减少，回退可适当降低。

③ TWTA 进行高功率放大后，对信号进行过滤，并馈入下行天线系统中波束的相应端口，完成前向链路信号的转发。

（2）反向有效载荷的工作流程。

对于一个给定的波束，上行和下行链路是正交的。如图 3.8（b）所示，来自各用户波束的信号被天线接收，并出现在上行天线系统的相应端口。信号被多路 LNA 放大，经解复用器滤波后，多个通道通过合路器被多路复用在一起。然后合并后的信号被送到 CAMP，CAMP 驱动 TWTA，TWTA 进行高功率放大后，对信号进行过滤，并馈入下行天线系统中波束的相应端口，完成反向链路信号的转发。

在高通量卫星载荷中，单个 TWTA 用于多个用户波束信号的放大，反向链路单位容量所需的 TWTA 数量少、卫星质量小。因此相对于传统卫星载荷来说，高通量卫星载荷成本要低得多。

3. 两种传统有效载荷的差异性

比较双极化传统有效载荷的功能和当前高通量卫星有效载荷的功能可以看出，两种载荷的大多数功能块是相同的，但也存在一定的差异：

（1）高通量卫星用户链路的空中接口通常优于等效的传统有效载荷的空中接口。

（2）传统有效载荷的空中接口通常在上行和下行链路之间更为平衡，因为传统的有效载荷通常支持从终端到终端的通信。

（3）高通量卫星的有效载荷采用点波束，而传统的有效载荷一般采用赋形波束。

（4）高通量卫星的前向有效载荷或反向有效载荷不需要上行和下行信号的正交极化。

（5）高通量卫星有效载荷的拓扑结构是一个星状网：前向链路一个信关站发送多个波束，反向链路多个波束馈入一个信关站。

3.3.2　高通量卫星数字有效载荷

前面主要讨论了传统卫星有效载荷，目前大多数高通量卫星通信系统采用这种有效载荷，然而，高通量卫星载荷正在向数字有效载荷发展。本节就对数字有效载荷进行详细的阐述。

1. 功能架构

数字有效载荷代表了传统有效载荷技术的巨大飞跃，灵活的数字有效载荷可以重新配置频率计划、路由和灵活波束，可以在需要的空域和时域分配容量。

传统有效载荷有两个主要子系统：天线系统和转发器，转发器的输入通常馈送到 LNA 输入，而转发器的输出是 OMUX（输出多路复用器）的输出；在数字有效载荷中，LNA 通常包含在天线单元中，因此将其划分在上行链路天线系统中。类似地，HPA 可以包含在相关联的馈源中。

在数字有效载荷中，数字处理器的输入端是 ADC（Analog to Digital Conversion，模数转换），输出端是 DAC（Digital to Analog Conversion，数模转换），因此波束成形网络（BFN）从模拟域转换为数字域，提供了更多的灵活性。ADC 和 DAC 的组合在功能上等同于传统有效载荷中的下变频。数字有效载荷的信道化和路由功能是通过数字域中的 DSP（Digital Signal Processing，数字信号处理）来执行的。

图 3.9 描绘了数字有效载荷，它包含三个主要系统：上行链路天线系统、数字处理器和下行链路天线系统。有效载荷的模拟域仅限于天线部分。数字域占据核心部分，以便在核心部分执行尽可能多的功能，其使用 DSP 以提供更大的灵活性。之所以称为数字有效载荷，是因为上行信号尽早转换为数字信号，而下行信号尽可能晚地转换为模拟信号，从而最大限度地提高数字域中的处理能力。

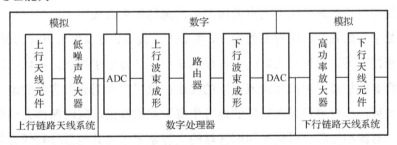

图 3.9　数字有效载荷

表 3.1 对数字有效载荷和传统有效载荷的功能进行了比较。

表 3.1　数字有效载荷与传统有效载荷的功能比较

数字有效载荷	传统有效载荷
上行链路天线元件	上行链路天线
低噪声放大器系统	低噪声放大器系统

续表

数字有效载荷	传统有效载荷
模数转换	下变频
上行波束成形网络	—
—	解复用
信道滤波、路由和切换功能	信道滤波、路由和切换功能
下行波束成形网络	—
数模转换	—
高功率放大系统	高功率放大系统
—	输出复用
下行链路天线元件	下行链路天线

2. 技术特征

数字有效载荷的显著特征之一是天线。一般而言，传统的有效载荷可以在双极化下操作，因此具有用于上行链路或下行链路功能的双端口天线。上行链路和下行链路功能可以组合在单个天线系统中，以便天线可以有四个端口用于双极化上行链路和下行链路功能。在传统的高通量卫星有效载荷中，通常使用单馈源每波束多波束天线和多馈源每波束天线。

数字有效载荷采用有源相控阵，生成大量波束，可以提供更大的灵活性。有源相控阵可以根据给定时间的容量需求曲线进行电子控制，从而将容量放置在需要的位置，形成相同或不同的波束；也可以在需要大容量的地方生成聚焦波束，在对容量需求较低的地方生成更宽的波束，同时保持无缝覆盖。因此，有源相控阵可以满足局部区域的大容量需求及其他部分较低容量覆盖的要求，可以更灵活地适应商业需求。

另一种可以采用的技术是跳波束技术，这是一种将波束在多个小区之间进行时间复用的技术。对于给定的波束，驻留时间或时隙可以根据容量分布进行更新，以最大化容量使用。数字有效载荷促进了跳波束的发展，波束的容量不必固定，可以根据需要进行分配。这大大提升了卫星载荷的灵活性，特别适用于总覆盖面积极大、但容量密度相对较低的海上应用场景。

3.4　多波束天线

多波束天线阵列的几何结构决定了卫星系统的许多性能参数，包括频率复用系数和以相同频率工作的天线波束之间的潜在干扰，从而决定了多波束网络的性能。本节首先就多波束网络的设计展开描述，接着分别介绍多波束天线的分类、应用和关键技术。

3.4.1　多波束网络的设计

多波束网络的设计要综合考虑频率复用率、波束占用大小（及其相关波束宽度）、发射终端的功率和天线增益及接收机性能等因素，同时要充分考虑具有相同频率的相邻波束对下行链路传输的干扰。本节首先构建多波束网络模型，接着分析多波束网络中相邻波束间的干扰，为后文对多波束天线的分析奠定基础。

1. 多波束网络模型

为了简化分析，将每一个圆形波束用六边形作为简化模型，图 3.10 给出了三色、四色、七色频率复用的波束图（$N=3$，$N=4$，$N=7$）。可以看出，颜色数目 N 越大，同一颜色的光束之间的距离就越远。

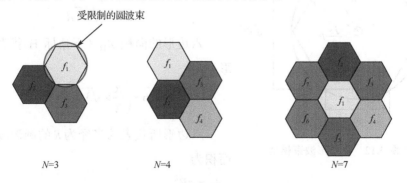

图 3.10　三色、四色、七色频率复用波束图

大多数多波束卫星天线阵列的 N 值为 4 或 7，四色、七色频率复用波束网络结构如图 3.11 所示。

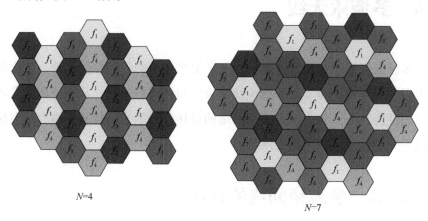

$N=4$

$N=7$

图 3.11　四色、七色频率复用波束网络结构图

2. 相邻波束干扰

多波束网络设计中的一个主要因素是具有相同频率的相邻波束对下行链路传输的干扰。下面就对相邻波束的干扰进行分析。

每个点波束附近有六个相同频带（颜色）的同通道波束。两个最近的同通道波束之间的距离 D_N 是颜色数目 N 的函数。代表半径为 R 的外切圆弧波束的六边形波束模型如图 3.12 所示。

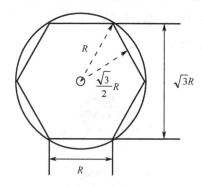

图 3.12　六边形波束模型

从图中不难得出两个最近的同通道波束之间的距离：

$$D_N = \sqrt{3N}R$$

六边形的面积 A_H（下角标 H 代表六边形）为

$$A_H = 6 \times \left(\frac{R}{2} \times \sqrt{3}\frac{R}{2} \right) \approx 2.6R^2$$

六边形所代表的半径为 R 的圆形波束的面积为

$$A_R = \pi R^2$$

在此基础上，我们可以通过相邻波束 SIR（Signal to Interference Ratio，信号干扰比）来衡量多波束卫星网络下行链路的干扰情况：

$$\text{SIR} = \frac{\text{接收天线所需的信号功率}}{\text{接收天线处相邻波束总功率}}$$

假设阵列中的每个下行波束都使用相同的射频发射功率、天线波束宽度和天线辐射模式，则接收天线所需的信号功率

$$P_r = P_t g_t g_r \left(\frac{1}{\ell_{FS}\ell_o} \right)$$

式中，P_t 为射频发射功率，单位为 W；g_t 为卫星转发器发射天线增益；g_r 为地面接收天线的增益；ℓ_{FS} 为自由空间路径损失；ℓ_o 为其他路径损失。

在用户波束网络中，有 6 个相邻的同通道波束，它们之间的距离取决于 N 的大小。将地面接收天线终端的总聚合相邻波束功率 P_S 表示为来自 6 个相邻波束传输的功率级别的总和。

$$P_S = \sum_{i=1}^{6} P_t g_t^i(\varphi_i) g_r \left(\frac{1}{\ell_{FS}^i \ell_o^i} \right)$$
$$= P_t g_r \sum_{i=-1}^{6} \frac{g_t^i(\varphi_i)}{\ell_{FS}^i \ell_o^i}$$

式中，$g_t^i(\varphi_i)$ 为卫星发射机的第 i 个相邻波束在目标波束 φ_i 方向上的天线增益；ℓ_{FS}^i 为第 i 个相邻波束的自由空间路径损耗；ℓ_o^i 为第 i 个相邻波束的其他路径损失。

相邻波束信号与干扰比可以表示为

$$\text{SIR} = \frac{P_t g_t g_r \left(\dfrac{1}{\ell_{FS}\ell_o} \right)}{P_t g_t \displaystyle\sum_{i=1}^{6} \dfrac{g_t^i(\varphi_i)}{\ell_{FS}^i \ell_o^i}} = \frac{\left(\dfrac{g_t}{\ell_{FS}\ell_o} \right)}{\displaystyle\sum_{i=1}^{6} \dfrac{g_t^i(\varphi_i)}{\ell_{FS}^i \ell_o^i}}$$

频率为 f（单位 GHz）的信号，在路径长度为 r（单位：米）时的自由空间损失为

$$\ell_{FS} = \left(\frac{4\pi r}{\lambda} \right)^2 = \left(\frac{40\pi}{3} rf \right)^2 = \left(\frac{40\pi}{3} \right)^2 r^2 f^2$$

故有

$$\text{SIR} = \frac{\left(\dfrac{g_t}{\left(\dfrac{40\pi}{3}\right)^2 r^2 f^2 \ell_\text{o}}\right)}{\displaystyle\sum_{i=1}^{6} \dfrac{g_t^i(\varphi_i)}{\left(\dfrac{40\pi}{3}\right)^2 r_i^2 f^2 \ell_\text{o}^i}} = \frac{\left(\dfrac{g_t}{r^2 \ell_\text{o}}\right)}{\displaystyle\sum_{i=1}^{6} \dfrac{g_t^i(\varphi_i)}{r_i^2 \ell_\text{o}^i}}$$

其中，r 为从卫星到地面接收终端的路径长度，单位为米；r_i 为从卫星到第 i 个相邻波束中心的路径长度，单位为米。

这一结果给出了一个下行接收终端与多波束天线阵列的信号干扰比，该接收终端受到来自 6 个最接近的相邻同通道天线波束的相邻波束信号的影响，图 3.13 为相邻波束示意图。

又有 $D_N = \sqrt{3N}R$，$D_4 = \sqrt{3 \times 4}R = \sqrt{12}R$，则

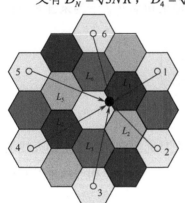

$$L_1 = D_4 - \frac{\sqrt{3}}{2}R$$

$$= \sqrt{12}R - \frac{\sqrt{3}}{2}R = \left(\sqrt{12} - \frac{\sqrt{3}}{2}\right)R = 2.598R$$

L_4 可以通过相同的方法计算得出：

$$L_4 = D_4 + \frac{\sqrt{3}}{2}R$$

$$= \sqrt{12}R + \frac{\sqrt{3}}{2}R = \left(\sqrt{12} + \frac{\sqrt{3}}{2}\right)R = 4.330R$$

图 3.13　相邻波束示意图　　从图 3.13 中不难看出：$L_2 = L_6$、$L_3 = L_5$。

因为 $D_4 = \sqrt{12}R = 3.464R$、$D_4 \gg R$，所以可假设 $L_2 = L_6 \cong D_4 = 3.464R$、$L_3 = L_5 \cong D_4 = 3.464R$。

计算 SIR 还需要的输入参数有 θ：地面接收天线到卫星的仰角，单位为度；r：从卫星天线到地面接收天线的路径长度，单位为米；$g_t(\varphi)$：卫星发射天线增益（假设每个波束相同）；卫星发射天线视轴增益（$\varphi=0$）；L_1 从地面终端到 6 个干扰光束中心的距离，单位为米；R：波束半径，单位为米。

为了确定卫星发射天线在地面接收方向上的离轴增益 $g(\varphi_i)$，需要找到第 i 个相邻同信道波束中心与地面终端接收机之间的离轴角 φ_i。

卫星、地面接收终端、第 i 个相邻波束中心的位置在空间中构成三角形

分布，如图 3.14 所示。

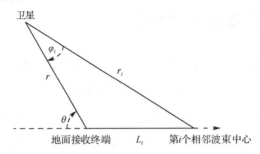

图 3.14　卫星、地面接收终端、第 i 个相邻波束中心的位置关系图

从图中可以看出：$r_i^2 = r^2 + L_i^2 - 2rL_i \cos(180° - \theta)$ 。又因为 $\cos(180° - \theta) = -\cos(\theta)$，则可得出

$$r_i^2 = r^2 + L_i^2 + 2rL_i \cos(\theta)，即 r_i = \sqrt{r^2 + L_i^2 + 2rL_i \cos(\theta)}$$

同理，对于 φ_i 则存在：

$$\cos(\varphi_i) = \frac{r^2 + r_i^2 - L_i^2}{2rr_i}，即 \varphi_i = \arccos\left(\frac{r^2 + r_i^2 - L_i^2}{2rr_i}\right)$$

SIR 可以通过以下方式确定：

$$\mathrm{SIR} = \frac{\left(\dfrac{g_t}{r^2 \ell_o}\right)}{\displaystyle\sum_{i=1}^{6} \dfrac{g_t^i(\varphi_i)}{r_i^2 \ell_o^i}}$$

对于大多数多波束天线，可以认为各个波束的其他路径损失 ℓ_o^i 与 ℓ_o 是一致的，那它们将在比例中被抵消。则 SIR 可以表示为

$$\mathrm{SIR} = \frac{\left(\dfrac{g_t}{r^2}\right)}{\displaystyle\sum_{i=1}^{6} \dfrac{g_t^i(\varphi_i)}{r_i^2}}$$

其中，$r_i = \sqrt{r^2 + L_i^2 + 2rL_i \cos(\theta)}$、$\varphi_i = \arccos\left(\dfrac{r^2 + r_i^2 - L_i^2}{2rr_i}\right)$。

由上式可以看出，在多波束天线设计中，卫星各发射天线的发射增益、波束宽度、相邻波束距离（频率复用系数）决定了干扰的大小。

3.4.2　多波束天线分类

高通量卫星使用多点波束来覆盖服务区域，采用多波束天线（Multi-Beam Antenna，MBA）具有以下优点：（1）使用多个点波束覆盖服务区域，可以通过极化隔离和空间隔离实现频率复用，从而增加卫星容量；（2）与宽波束或全地球覆盖网络相比，多波束天线系统提供的较窄天线波束蜂窝状覆盖，卫星发射的 EIRP 和接收的 G/T 值更高；（3）可以根据需要进行波束扫描或波束重构，从而增加系统的灵活性。

多波束天线的分类如图 3.15 所示。

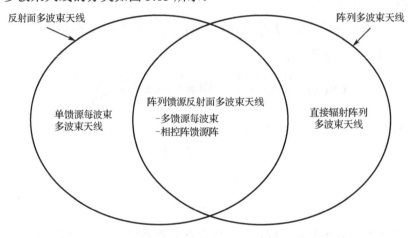

图 3.15　多波束天线分类示意图

（1）SFPB（Single Feed per Beam，单馈源每波束）多波束天线是基于反射面的多波束天线，每个辐射元件形成一个点波束；

（2）DRA（Direct Radiating Array，直接辐射阵列）多波束天线是直接辐射的相控阵，收发信号直接辐射，没有反射面；

（3）阵列馈源反射面（PA-Fed Reflector）多波束天线是反射面多波束天线和阵列多波束天线的交集，采用反射面天线结合相控阵馈源阵的方式，利用偏焦馈电形成多个不同指向的波束。同时具有 MFPB（Multiple Feed per Beam，多馈源每波束）和相控阵馈源阵的特性。

3.4.3　多波束天线的应用

通信卫星要如何选择多波束天线，往往取决于以下几种因素：轨道、载波频率、波束大小、通信能力和灵活性、航天器的容纳力、天线效率和载波干扰比（*C/I*）性能、成本。

轨道决定天线是否基于反射面：对于 GEO 通信卫星，利用反射面天线实现高增益；对于 LEO 通信卫星，由于轨道低，星地传输距离短，自由空间损耗小，同时要求天线具备较高的扫描能力，因此，该轨道上的卫星一般都采用 DRA。

选择天线的第二个主要决定因素是频段：在 L 频段和 S 频段，阵列馈源反射面是首选。同时，由于低频段天线波长相对较长、馈源阵的体积较大，同时为了更好地满足方向图、相位跟踪、功率分配等技术要求，低频段的多波束天线通常采用 MFPB 的成束方式。在 C 频段及以上，SFPB 是最常见的，因为它的成本低，质量小，天线效率高、工艺简单。

受轨道、频段、技术水平等因素的影响，目前已发射的高通量卫星均为 SFPB 多波束天线和阵列馈源反射面多波束天线。

1. 单馈源每波束（SFPB）多波束天线应用

目前，商业 GEO 高通量卫星的多波束天线大多数都是基于反射面的。其中 SFPB 多波束天线是应用最广泛、技术最成熟的多波束天线技术。

SFPB 多波束天线经历了由 8 副反射面天线（收发分开，各 4 副天线）到 4 副反射面天线（收发共用工作）的变化：8 副反射面 SFPB 多波束天线在卫星的东、西面板上分别有 4 副天线，其中 2 副用于接收，2 副用于发送；4 副反射面的 SFPB 多波束天线在卫星的东、西面板上分别有 2 副天线，收发共用。

（1）Anik-F2 卫星多波束天线。

Telesat 公司的 Anik-F2 同步轨道卫星于 2004 年 7 月 18 日在 Ariane-5G+ 运载火箭上成功发射，该卫星基于波音 702 平台，定轨于 111.1°E 位置。

该卫星是一颗多任务卫星，总共有 114 个转发器：24 个 C 频段转发器、40 个 Ku 频段转发器和 50 个 Ka 频段转发器。C 频段有效载荷主要用于卫星中继及远程社区，Ku 频段有效载荷主要用于北美地区企业和政府移动应用，Ka 频段有效载荷主要用于宽带服务，卫星在 Ka 频段可提供 2Gbps 容量。

Anik-F2 星上天线主要有：1 副 C 频段收发共用天线、1 副 Ku 频段收发共用天线、8 副 Ka 频段收发分开多波束天线和 2 副 Ku 频段跟踪校准天线。其中，8 副 Ka 频段收发分开多波束天线采用的是单偏置反射面多波束天线，一共分为 2 组，每组由 2 副发射天线和 2 副接收天线构成，每组天线各与 1 副 Ku 频段跟踪天线组成 1 个天线簇。该天线簇整体安装在一个天线背框上，框架上的展开臂通过一个二维展开指向机收拢在卫星东（西）墙板上。卫星定点后在轨展开每个天线簇，并通过 Ku 频段跟踪校准天线在轨得到多波束天线俯仰角和方位角误差，调整 Ka 频段多波束天线的指向，使其达到要求的精度。

Ka 频段发射多波束天线反射面口径为 1.4m，接收多波束天线反射面口径为 0.9m，每副天线由 10～12 个收发分开工作单元的极化馈源阵组成。多波束天线一共有 45 个接收馈源和 45 个发射馈源，共形成 45 个波束宽度为 0.85° 的点波束和 6 个波束宽度为 0.35° 的信关站点波束，覆盖加拿大和美国本土区域。45 个点波束分为 6 个区域波束组，每个区域组内设立 1 个信关站，一个信关站管控 7～8 个波束。

Anik-F2 卫星 Ka 频段多波束天线用户波束下行工作频率为 19.7～20.2GHz，用户波束上行工作频率为 29.5～30GHz；信关站波束下行工作频率为 18.30～18.80GHz，信关站波束上行工作频率为 28.35～28.6GHz 和 29.25～29.50GHz，多波束采用 8 色频率复用，每个波束带宽约为 56MHz，发射天线 EIRP 为 57dBW，接收天线 G/T 值为 14dB/K，最终多波束系统容量为 4Gbps。

（2）Viasat-1 卫星多波束天线。

Viasat-1 卫星是美国 Viasat 公司的 GEO 高通量卫星，采用美国劳拉空间系统公司（Space Systems/Loral）的 LS-3000 型卫星平台，于 2011 年 10 月发射，在轨定点为 115°E。

该卫星为全 Ka 频段多波束天线，采用 SFPB 双偏置反射面收发共用多波束天线，4 组（4 组共 8 副：4 主 4 副）反射面分别配置为 2 副主反射面在卫星东墙板上、2 副主反射面在西墙板上、4 副副反射面位于对地板塔上，4 个馈源阵位于对地板塔上。

Ka 频段多波束天线的主反射面口径均为 2.6m，副反射面口径约为 1.2m，92 个收发共用双圆极化馈源阵，被分成了 4 组，分别照射 4 副反射面。

Ka 频段多波束天线用户波束下行工作频率为 19.7～20.2GHz，用户波束上行工作频率为 29.5～30GHz，信关站波束下行工作频率为 18.30～19.30GHz，信关站波束上行工作频率为 28.10～29.10GHz，采用 4 色频率极化复用，每波束带宽约为 250MHz，发射天线 EIRP 为 62dBW，接收天线 G/T 值为 16dB/K，最终多波束系统容量为 140Gbps。

2．阵列馈源反射面多波束天线应用

阵列馈源反射面多波束天线是反射面多波束天线和阵列多波束天线的交集，下面介绍典型的阵列馈源反射面卫星多波束天线。

（1）Multikara 接收多波束天线。

Multikara 卫星是欧洲阿尔卡特航天工业公司（Alcatel Space Industries）于 2002 年研制成功的一种用于 Ka 频段的接收多波束天线，该天线主要采用 2 副阵列馈电单偏置反射面天线。该 Ka 频段接收多波束天线的每副反射面口径为 1.2m。

该 MFPB（多馈源每波束）天线的每个波束由相应的 7～12 个馈源产生，每个馈源接收的信号经过低噪声放大器后，再由功分网络将信号分配到相应的波束，形成网络中所需要的波束。由于馈源阵不需要满足激励系数的正交性，所以，参与不同波束形成的共用馈源数目可以较多。2 副接收多波束天线系统共形成 50 个波束，覆盖欧洲和非洲，其中 1 副天线由 171 个辐射单元形成 34 个波束来覆盖北半球；另 1 副天线由 96 个辐射单元产生 16 个波束来覆盖南半球，波束宽度为 1.15°。

Ka 频段多波束天线用户波束上行工作频率为 28.35～30GHz，四色频率复用，每波束带宽约为 400MHz，接收天线 G/T 值为 12dB/K，同频波束隔离大于 16.5dB。

（2）Eutelsat 36 C 卫星多波束天线。

Eutelsat 36 C 卫星是俄罗斯卫星通信公司制造的首颗同步轨道 Ka 频段载荷高通量卫星，采用 EADS Astrium 公司的 Eurostar-3000 卫星平台，于 2015 年 12 月 25 日发射，在轨定点为 36°E。

Eutelsat 36 C 星上天线有：3 副 Ku 频段赋形波束天线；1 副 Ka 频段发射多波束天线；1 副 Ka 频段接收天线。天线在卫星上的布局为：1 副 Ku 频段天线对地面；1 副 Ka 频段发射天线和 1 副 Ku 频段天线重叠收拢在卫星东墙板；1 副 Ka 频段接收天线和 1 副 Ku 频段天线重叠收拢在卫星西墙板。Ka 频段发射多波束天线的反射面口径为 2.4m，接收多波束天线的反射面口径为 1.6m，其中，每个波束通过 7 个馈源优化合成。

多波束天线中发射馈源和接收馈源各 73 个，形成波束宽度为 0.6°的 18 个发射用户波束和 18 个接收用户波束，覆盖了俄罗斯欧洲和西西伯利亚部分，以及 1 个位于莫斯科附近的信关站波束。

Ka 频段多波束天线用户波束下行工作频率为 19.7～20.2GHz，用户波束上行工作频率为 29.5～30GHz，信关站波束下行工作频率为 18.10～19.7GHz，信关站波束上行工作频率为 27.5～29.60GHz，多波束四色频率极化复用，发射带宽为 315MHz、220MHz，接收带宽为 155MHz、110MHz，总的波束带宽为 6.4GHz 左右，最终多波束系统容量为 12Gbps。

3. 直接辐射阵列（DRA）多波束天线应用

DRA 多波束天线又称为多波束相控阵天线。相控阵天线具有体积小、质量小、损耗低等优点，容易实现多波束，且可以使卫星具有快速改变天线波束指向和波束覆盖形状的能力，是近年来通信卫星有效载荷中发展很快的一项关键技术。

DRA 多波束天线可以提供更好的偏视性能（更低的扫描损耗），需要更小的孔径和更少的控制元件。同时，在以铱星和全球星系统为代表的中低轨道通信卫星，由于轨道低、星地传输距离短、自由空间损耗小，同时要求天线具备较大扫描角，所以，该轨道上的卫星用户链路一般都采用 DRA 多波束天线。

目前 DRA 的唯一商业用途是在 LEO 高通量卫星上，在 GEO 高通量卫星上暂无实际应用。但随着 DRA 技术的不断突破以及中轨高通量卫星技术的发展，DRA 将在 GEO 高通量卫星上被应用。

据 2007 年卫星制造商进行的一项研究表明，对于 Ku 频段或 Ka 频段的 GEO 高通量卫星，DRA 可以提供比 MFPB 反射器天线更好的性能，而且需要较少的数字处理，缺点是需要更多的辐射元件。专家提出了一种由 4×4 单元重叠成簇的方案，从 592 个单元中产生了 100 个点波束。

3.4.4　多波束天线的关键技术

1. 数字多波束相控阵天线技术

利用 DRA 天线形成多波束，是相控阵天线的一大优点。相控阵天线实现多波束的关键是构造一种波束形成网络。它的输出端口与阵列中的天线单元以不同的相位分布，从而产生不同指向的波束。相控阵天线既可以实现模拟波束形成也可以实现数字波束形成（Digital Beam Forming，DBF）。

近年来，随着大规模集成电路的快速发展，数字相控阵技术得到了迅速发展，采用数字技术实现多波束形成受到了广泛关注。数字多波束相控阵天线技术具有容易实现多波束、极低的副瓣电平、可根据覆盖区域的变化进行波束指向控制或波束重构、可在较大扫描角度范围内灵活跳变，以及在波束之间进行功率分配、可方便地进行通道幅相误差校正和自适应干扰调零等一系列优点。

数字多波束相控阵天线技术将传统的相控阵技术和现代阵列信号处理技术相结合，在数字域通过信号的乘、加运算，形成多波束，成为星载多波束天线的关键技术。一个典型的数字多波束天线系统包括三个主要部分：天线阵列、收发信机和数字信号处理器。

随着高通量卫星技术的发展，人们对流量的需求越来越大，推动着数字相控阵天线向高频段、宽频带、高灵活性、多功能化和低成本等方向发展。

2. 多波束预编码技术

对于高通量卫星这样的多波束卫星系统，提高频率复用度是提升容量的重要手段，但由于卫星辐射方向图的旁瓣影响，这种频率复用方案极大地增加了波束间的同频干扰 C/I，这将严重影响卫星通信系统的性能。

高通量卫星可通过在信关站发射信号时采用多通道预编码技术，来降低波束间干扰。波束预编码技术是一种基于信关站信道状态信息对要发送信号进行预处理以减小信号间干扰的一种手段。图 3.16 为多波束卫星前向链路预编码技术示意图。

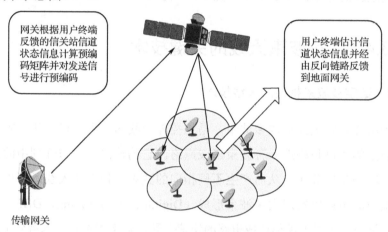

网关根据用户终端反馈的信关站信道状态信息计算预编码矩阵并对发送信号进行预编码

用户终端估计信道状态信息并经由反向链路反馈到地面网关

传输网关

图 3.16　多波束卫星前向链路预编码技术示意图

3.5　数字透明转发器

星载转发器是卫星通信系统的心脏，卫星通信系统的性能很大程度上取决于星载转发器。星载转发器决定信号的接收、处理和转发方式，系统的容量、功耗和可靠性等关键性能参数也由星载转发器决定。

传统的星载转发器按照是否在星上进行信号处理分为再生式转发器和透明转发器。在再生式转发器中，卫星对下变频后的基带信号进行处理，对物理层有固有的依赖关系使其灵活性差；透明转发器与信号体制无关，使用灵活，但交换颗粒度较粗，交换能力有限。

为提高卫星的灵活性和多样性，数字透明转发器（Digital Transparent

Processor，DTP）应运而生。数字透明转发器是一种具有星上处理能力的半透明转发器，采用数字信道化处理技术，兼具传统透明转发器和再生式转发器的优点，既具有灵活可靠的特点，又可以支持较细颗粒度的交换，还规避了物理层信号体制的约束，增加了系统容量，可满足高通量卫星可变带宽业务的需求。

数字透明转发器转发模式如图 3.17 所示。数字透明转发器在传统透明转发器基础上，增加了组播/广播、前向汇聚、组播汇聚混合模式等转发模式，输入和输出功率不再按照线性方式，而是可以灵活调整。

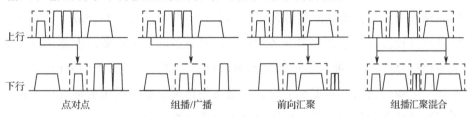

图 3.17　数字透明转发器转发模式示意图

数字透明转发器在星上采用数字信道化和子带交换技术，同时配合多端口放大器进行波束间的动态功率调整，提升了通信卫星转发器资源的灵活性，能更好地适应高通量卫星用户空间分布不均、用户分布变化、业务类型多样等特点，提升通信卫星转发器的利用效率。

3.5.1　数字信道化技术

数字信道化技术是数字透明转发器的核心，数字信道化技术的基本功能是用数字带通滤波器组对输入的数字信号进行滤波，并提取传输频带内的单个或多个子带信号，用于后续的基带处理。不同的数字信道化方法，调制滤波器组的设计方法不同，而不同的调制滤波器组的性能区别在于原型滤波器的设计方法不同。

数字信道化技术通过运用数字信号处理方法实现了在传统透明转发方式下用模拟滤波器和中频交换矩阵实现信号交换的目的，是一种面向物理连接的新型星载交换技术。在许多采用数字信道化技术的卫星通信系统中，用户信号带宽都是相同的，然而均匀滤波器组不能满足高通量卫星可变带宽信号的分析和重构，导致了非均匀滤波器组的出现。

数字信道化技术主要采用带通滤波器组实现信号的滤波，核心思想是使用分析滤波器组和合成滤波器组完成信号的分析、交换和合成。数字信道化的实现需通过分析滤波器组先将非均匀带宽信号进行分路、抽取、交换和插值，然后合成滤波器组再将每路信号进行重构。

非均匀调制滤波器以一种具有某种特性的滤波器为原型，并且按照某种规律改变它的中心频率，以此得到一组滤波器，再采用复指数调制的方法，得到精准重构复指数调制滤波器组，再进行子信道的分离和合成。高通量卫星具有多频段、多速率和多业务的特点，且业务的实时性要求很高，各波束业务也很复杂，这就要求卫星转发器可以对信号进行近似精确的分析与综合。因此，非均匀调制滤波器组的设计、信号的精确提取、准确的频谱交换和合成滤波器是非均匀带宽数字信道化技术的重要组成部分。

3.5.2 子带交换技术

将一个宽带信号通过调制滤波器分路为多个窄带信号，称为子带，在数字化转发中的子带交换技术就是对不同频率的子带信息进行交换的过程。

图 3.18 所示为数字透明转发器中的子带交换结构，图中信号 1、6 为直通传输；信号 2 进行了通道内的子带交换；信号 3 进行了从通道 1 到通道 4 的通道间子带交换；信号 4 进行了广播和增益调整；信号 5 进行了组播和增益控制；信号 7 进行了组播。

基于数字透明转发器中半透明半再生式的星上处理方式，星上处理模块只进行了采样和量化处理，没有进行编码，所以进入交换模块的是一系列的采样点，电路交换网络需要实现采样点交换的功能。电路交换网络根据不同的分类方法，可分为模拟空分交换网络和数字时分交换网络、单级交换网络和多级交换网络，等等。

交换网络采用时分复用机制后，子带交换单元既需要处理时分交换，又需要处理空分交换。将子带交换单元中的时分交换称为 T 级，将空分交换称为 S 级，因此子带交换单元需要至少包含 1 个 T 级和 1 个 S 级。根据 T 级和 S 级连接方式的不同，子带交换单元有两种实现方式，分别为 T-S-T 交换和 S-T 交换。

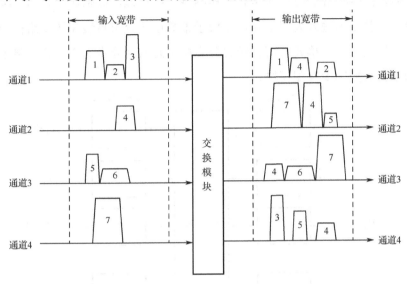

图 3.18　数字透明转发器中的子带交换结构

1．T-S-T 交换网络

T-S-T 交换网络是一种三级时空交换网络，包括两个时间交换器和一个空间交换器。其中第一个时间交换器叫作初级 T 接线器，用来进行同一条输入链路上时隙之间的交换功能，第二个时间交换器叫作次级 T 接线器，用来进行同一条输出链路上时隙之间的交换功能，S 接线器可以完成不同链路之间的交换。每个交换器的工作方式可以任意选择，但是在实际应用中，为了方便控制，两个 T 接线器的工作方式一般不同，对 S 接线器的工作方式没有要求。对于一个具有 N 条输入复用线和 N 条输出复用线的交换网络而言，需要配置 $2N$ 套 T 接线器。其中，N 套在输入侧的初级 T 接线器，完成从用户的发送时隙到交换网络内部的公共时隙的交换；N 套在输出侧的次级 T 接线器，完成交换网络内部的公共时隙与输出端另一用户时隙的交换。中间的 S 接线器用来完成将交换网络内部运载的用户信息从一条输入复用线交换到规定的一条输出复用线上。图 3.19 展示了 T-S-T 交换网络的工作流程。

2. S-T 交换网络

S-T 交换网络结构与 T-S-T 交换网络结构类似，区别在于将第一级时分交换单元替换为输入处理单元，完成子带数据的分组封装和转发路径查找，将第二级空分交换单元与第三级时分交换单元改为异步工作方式，整个交换结构不再需要同步分配模块。

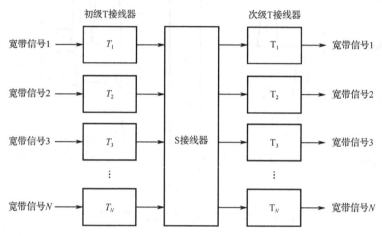

图 3.19　T-S-T 交换网络的工作流程图

S-T 交换网络的工作流程如图 3.20 所示，相比于 T-S-T 交换网络，S-T 交换网络采用分组交换方式，缺少第一级的中间时隙调度，会造成输出端口冲突导致交换分组丢失，为了应对输出端口冲突，其中的空分交换单元的交换容量需进一步提升，连带导致输入处理单元与空分交换单元、空分交换单元与输出处理单元之间的数据传输速率进一步提升。

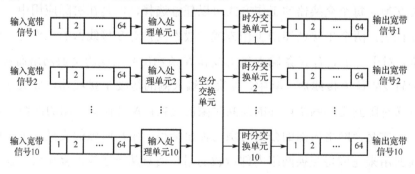

图 3.20　S-T 交换网络的工作流程图

第 4 章

高通量地面系统

地面系统是高通量卫星通信系统的重要组成部分，主要实现馈电及用户波束信号的收发、基带调制解调处理和业务数据的接入与分发。根据地面系统中各部分承担的不同功能，将其划分为信关站和运营中心两大部分，其中信关站包括天线分系统、发射分系统、接收分系统、调制解调分系统、业务接入分系统和监控与管理分系统，运营中心包含数据中心和部署于其中的运营支撑系统。本章主要介绍高通量地面系统各组成部分的功能、工作原理，同时对国内外典型高通量卫星通信系统进行分析介绍。

4.1　典型高通量地面系统组成

以我国首颗高通量卫星中星 16 号地面系统为例，介绍高通量地面系统的组成及各部分功能。

中星 16 号卫星地面系统包括 1 个运营中心和 3 个信关站，运营中心部署在北京，由网络管理系统（NMS）、业务运营支撑系统（BOSS）和数据中心组成，运营中心与互联网、企业专网、3G/4G 等地面网互联。3 个信关站分别部署在怀来、成都、喀什，各站之间通过光纤线路实现互连互通。中星 16 号地面系统网络架构如图 4.1 所示。

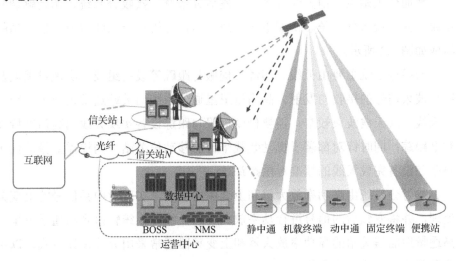

图 4.1　中星 16 号地面系统网络架构图

（1）信关站。

信关站为所在馈电波束对应的用户波束提供接入服务，实现馈电链路信号收发、基带处理和与运营中心的数据交换功能。信关站的管控部署于运营中心的网络管理系统中，一般情况下可实现无人值守。

（2）运营中心。

运营中心是地面系统的核心管控单元，实现资源调配、网络管理、QoS保障、性能优化、网络交互等功能。运营中心通过地面光纤实现对各信关站的远程管控。

高通量卫星通信系统采用天地一体化设计，该模式下用户无须自建信关站，只需购买通信终端及服务套餐即可享用宽带卫星通信服务，与传统卫星通信系统相比，节省了信关站的建设及维护投资，使应用更加便捷化、智能化。目前，高通量卫星通信系统支持固定、车载、船载、机载等多类站型，满足不同场景的使用需求，同时针对场景及应用的演进，终端可采用定制化开发的模式，支持更多应用场景的拓展延伸。

4.2 信关站

地面信关站主要由天线分系统、发射分系统、接收分系统、调制解调分系统、业务接入分系统、供配电分系统和监控与管理分系统组成。信关站的组成如图 4.2 所示。

天线分系统主要由天线、馈源、伺服与跟踪等设备组成，实现对馈电及用户波束信号的接收与发射。高通量卫星通信系统信关站通常采用大口径固定天线，其天线波束较窄，需要借助伺服与跟踪设备实现天线的高精度持续对准跟踪；同时针对部署于机动装载平台的移动信关站，同样需要借助伺服与跟踪设备完成天线的精准对星跟踪。

发射分系统由高功率放大器和上变频器组成，实现对中频信号的上变频处理，并将变频后的信号进行功率放大，经天线分系统辐射到高通量卫星。高通量地面信关站的高功率放大器和上变频器通常采用分体设计方式，以保障各部分的性能水平最优。

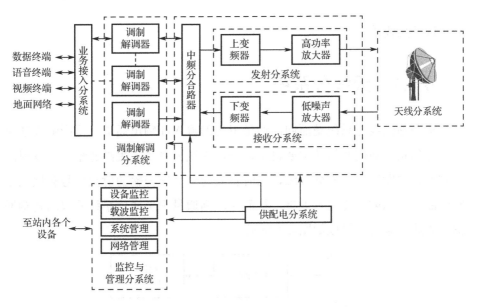

图 4.2　信关站组成框图

接收分系统由低噪声放大器和下变频器组成，实现对射频信号的低噪声放大，并将放大后的信号下变频至中频，经调制解调分系统进行基带处理。通常高通量地面信关站的低噪声放大器和下变频器采用分体设计方式，以保障各部分的性能水平最优。

调制解调分系统包含调制和解调两项功能，其中调制负责将业务数据经信道编码和载波调制后，变频为适应于卫星信道传输的中频信号；解调负责将中频信号进行解调和译码，并输出数字化业务数据。高通量信关站的调制解调分系统通常采用板卡式机箱设计，根据实际使用需求配置不同数量的调制板卡和解调板卡，各板卡支持热插拔及热备功能，降低了因单点故障导致系统无法正常工作的概率。

业务接入分系统可支持语音、图像、视频、数据等终端的接入，高通量调制解调分系统对外提供 IP 接口，适配多种类型 IP 业务终端，无须进行接口协议的适配开发。在进行业务系统设计时，面向用户需求，进行功能选配及设备形态的适配。

监控与管理分系统实现对信关站设备、网络参数、系统状态的配置与监控管理，支持本地化操作和远程操作两种模式，满足常态化监测和应急处置的不同使用需求。

4.2.1　天线分系统

信关站天线分系统是面向高通量卫星的输入和输出通道，是影响高通量卫星通信系统通信质量的主要设备之一。天线分系统收集高通量卫星发射的电磁波，并发送至接收分系统，同时将发射分系统传输的射频信号转换为定向电磁波，辐射向高通量卫星，从而完成高通量卫星通信系统的双向传输通信。天线分系统的组成如图 4.3 所示。

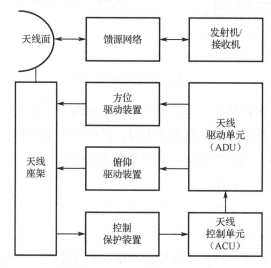

图 4.3　天线分系统组成框图

（1）天线面与馈源网络。

天线面与馈源网络是天线分系统的重要组成部分，由于同一轨道面上高通量卫星数目较多，在收发信号时易产生干扰或被干扰，因此需要信关站天线具有窄波束特性，以降低干扰信号产生的通信影响。另外，为提高卫星资源的利用率，高通量卫星均采用极化复用技术，因此需要信关站天线支持特定极化波的定向接收或辐射，以保证与卫星信号的极化方向相匹配。

（2）ACU（Antenna Control Unit，天线控制单元）和 ADU（Antenna Drive Unit，天线驱动单元）。

ACU 和 ADU 是天线跟踪控制的核心单元，直接影响天线的跟踪性能。ACU 实时监测参考信号的状态变化，以此判断天线主波束的卫星对准情况，适时驱动 ADU 单元，调整天线的方位和俯仰状态，保障天线的精确指向。

（3）控制保护装置。

控制保护装置采集天线运动状态信息，经 ACU 和 ADU 对天线跟踪过程的异常状态进行处理。

1. 天线

高通量卫星的不断发展，对地面信关站的通信天线提出了更高频段、多波束、多频复用的发展需求。

（1）高频段天线。

目前高通量地面信关站主要采用 Ka 频段通信，所采用的天线技术及元器件工艺水平日益成熟，但随着 Ka 频段容量需求的不断扩展，其资源呈现供不应求的发展趋势，需要开拓 Q/V、EHF（Extremely High Frequency，极高频）甚至更高频段满足未来通信需求，因此对更高频段天线技术的研究迫在眉睫。

（2）多频段共用天线。

多频段共用天线可实现分时或同时采用不同频段进行卫星通信传输，是提高信关站集成度和利用率的有效手段，也是当前信关站天线研究的热点方向之一。目前国内外已有天线厂家突破多频共用馈源技术难点，研制出 C/Ku 和 Ku/Ka 双频段天线，并广泛应用于用户终端站，但信关站天线的多频共用技术尚未成熟，仍是未来天线发展的方向之一。

（3）多波束天线。

多波束天线能够同时对不同卫星的信号进行独立的收发处理，其灵活的使用特点和较高的经济效益，是未来高通量星载天线和地面信关站天线的共同发展方向。同时多波束天线较强的抗毁能力使其在军事卫星通信应用中备受青睐。从 20 世纪 70 年代至今，国外已研制出球形镜面天线、抛物环面天线和混合镜面天线等多种类型的多波束天线，国内在该方向虽然起步较晚，但发展迅速。

2. 馈源

高通量地面信关站馈源普遍使用正交极化馈源，收发信号通过极化分离和频率分离方式进行区别。在单脉冲自动跟踪系统中，模提取器获取跟踪误差，正交模接头实现收发信号的分离，极化器实现线极化和圆极化信号的相互转换，正交模变换器将 2 个正交信号分离到两个接收隔离端，同时将发送端两个正交信号组合为线极化信号。正交极化馈源的原理如图 4.4 所示。

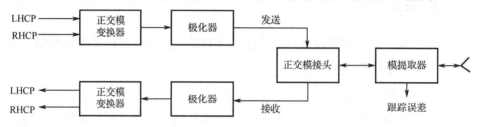

LHCP：左旋圆极化

RHCP：右旋圆极化

图 4.4　正交极化馈源原理框图

3. 伺服与跟踪

天线的伺服与跟踪系统需联合使用，以保障天线能够自动跟踪并实时对准卫星，实现系统通信链路的建立。跟踪系统根据信号反馈输出驱动信息，由伺服系统根据驱动指令完成天线的指向修订。伺服与跟踪系统是信关站的主要设备，其性能的优劣直接影响信关站的工作性能，下面对不同的伺服与跟踪系统分别进行介绍，并分析其适用的通信场景。

1）跟踪控制

高通量地面天线分系统主要采用程序跟踪和自动跟踪 2 类方式实现，其中自动跟踪主要细分为步进跟踪、单脉冲跟踪和电子波束扫描跟踪 3 种。

（1）程序跟踪。

程序跟踪利用卫星星历和天线姿态参数，经天线控制计算机对数据进行解算，获取标准时间内通信卫星与天线实际角度之间的差值，天线伺服根据该结果驱动天线调整，经不断比对，消除角度偏差，使天线指向通信卫星。程序跟踪不依赖卫星信标，其指向精度仅由星历参数、计算模型及天线反馈精度等决定，实现简单、跟踪速度快，即使天线受到遮挡，仍可实现卫星的指向，适用于较宽波束的快速初始化捕获。

（2）自动跟踪。

① 步进跟踪。

步进跟踪是指按固定步进调整天线在方位和俯仰面内转动，以达到接收信号的最大值。在跟踪过程中，天线分为搜索步和调整步两个操作。搜索步用于确定天线的转动方向，每次搜索结束天线回到原来位置，通常经过多次搜索步操作才能确定天线的转动方向。在搜索步结束后，启动调整步，根据固定步进向搜索方向转动。计算机判断天线接收电平变化，若接收电平增加，则天线沿原方向继续转动固定步进，若接收电平降低，则天线反向转动。俯仰、方位交替调整，直至天线接收信号电平值最大。步进跟踪实现原理及设备相对简单，可与程序跟踪结合使用，用以提高跟踪精度。

② 单脉冲跟踪。

单脉冲跟踪是一种先进的、实时性高的通信跟踪技术，可以在一个脉冲时间内确定天线波束偏离卫星的角度。单脉冲跟踪在同一切面上生成"和方向图"和"差方向图"，跟踪接收机以"和方向图"为参考，并根据"差方向图"计算波束指向误差，当天线波束对准卫星时，"和方向图"信号值最大，"差方向图"信号为零。单脉冲跟踪的速度快、精度高，但馈源和跟踪系统设计复杂，实现经费较高。目前高通量地面信关站多采用单脉冲跟踪方式实现天线的跟踪校准。

③ 电子波束扫描跟踪。

电子波束扫描通过周期性改变天线阵子的幅值、相位等参量，使天线波束在特定空间内无惯性地运动，从而实现快速精准对星。电子波束扫描在波导和馈源接口处安装磁耦合器，检测信号经磁耦合器输出至检测端口，根据正交检测端口的输出电平和磁耦合器合成的信号电平，判定波束偏离卫星的方向。电子波束扫描取代了传统天线馈源和天线面的机械转动，在缩短对星时间的基础上，进一步提升了对星精度，是天线自动跟踪发展的主流趋势。目前，电子波束扫描是相控阵天线跟踪的主要技术。

2）天线伺服

天线伺服根据跟踪控制单元输出的指向调整信号驱动天线，使天线波束对准卫星。根据跟踪控制方式的不同，天线伺服系统可分为多种不同类型。高通量地面天线分系统常采用步进跟踪伺服和单脉冲跟踪伺服。

（1）步进跟踪伺服。

利用微处理器实现步进跟踪的数据采样、分析、处理，并完成对天线当前位置、运行速度等参数的计算，保障天线在各参数控制下进行高精度的跟踪操作。信标跟踪接收机将控制信号经模数转换后发送至微处理器进行解算，根据预设模型获取天线旋转方向、步进数量、旋转速度等参数。微处理器将上述信息与轴角编解码器给出的天线实际位置信息进行比对处理，自动驱动天线波束调整，使其指向既定卫星。步进跟踪伺服原理如图4.5所示。

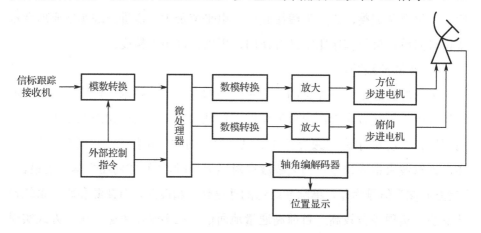

图 4.5　步进跟踪伺服原理框图

（2）单脉冲跟踪伺服。

单脉冲跟踪伺服接收跟踪接收机发送的方位控制信号和俯仰控制信号，将信号电压和功率放大后，发送至执行器件驱动天线对星转动，同时敏感部件将天线位置信息反馈至放大器进行比对分析，进行进一步的跟踪调节，形成闭环控制系统。在该模式下，天线方位信息和俯仰信息可通过位置显示设备进行显示。单脉冲跟踪的伺服系统原理如图4.6所示。

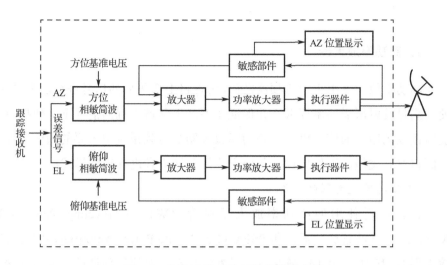

图 4.6　单脉冲跟踪的伺服系统原理图

4.2.2　发射分系统

信关站发射分系统主要包括高功率放大器和上变频器，实现将中频信号上变频至上行发射频率，同时将变频后的信号放大，辐射至高通量卫星。发射分系统的组成如图 4.7 所示。

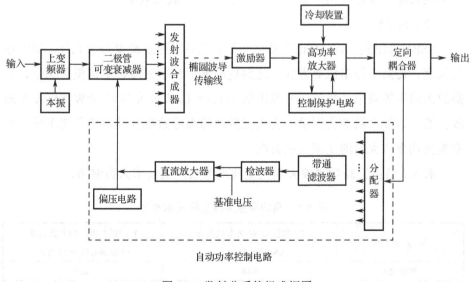

图 4.7　发射分系统组成框图

131

1．高功率放大器

高功率放大器用于上变频器之后，负责将上变频后的信号进行功率放大，使其满足发射所需功率要求，并保证在不产生邻道干扰的前提下，使接收机能够接收到适当的信号电平。高功率放大器是射频系统中重要的通信组件，下面将对其类型、工作原理、备份方式等关键内容进行详细描述。

1）高功率放大器的分类

目前广泛使用的高功率放大器包含 TWTA（Traveling Wave Tube Amplifier，行波管放大器）和 SSPA（Solid State Power Amplifier，固态功率放大器）。其中，TWTA 增益高、覆盖频带宽、无须外部调谐、使用便捷，最大输出功率可达到 800W；SSPA 可由多个小功率基本模块组合形成，体积小、瞬时带宽高、稳定性高。

（1）TWTA。

TWTA 输入端的电磁波信号由阳极上的正电压加速沿螺旋线向右行进，由于电子束的速度高于射频信号的轴向行进速度，因此电子束的动能向电磁波转换，使行进中的电磁波信号得到放大。同时，收集极上的多级电压对电子束残余能量进行收集，进一步提高 TWTA 的放大效率。

（2）SSPA。

SSPA 采用氮化镓（GaN）功率半导体技术，通过减少寄生元件、缩短栅极长度、提高工作电压等方式，达到更高输出功率密度、更宽覆盖频带、更高放大效率等效果。目前已开发出基于 GaN 技术的 X 频段 8kW SSPA 合成放大器，该放大器不会因单一合成元件故障而导致整体性能的急速下降，是未来高功率放大器的主流发展方向。

表 4.1 给出了高功率放大器主要技术参数，供技术人员参考。

表 4.1　高功率放大器主要技术参数

指　标　产　品	Ka 频段 20W 功率放大器（Sophia 公司）	Ka 频段 40W 功率放大器（Em Solutions 公司）
增益/dB	≥48	≥55
P1dB/dBm	≥43	≥46

指标产品	Ka 频段 20W 功率放大器 （Sophia 公司）	Ka 频段 40W 功率放大器 （Em Solutions 公司）
幅频特性/（dB/GHz）	≤3	≤3
三阶互调/dBc	≤-23	≤-23
杂散/dBc	≤-60	≤-60

2）功率合成

高通量卫星通信系统多采用小型化、低功率通信终端，这就要求地面信关站具有较强的输出性能。综合考虑发射分系统的可靠性与经济性，可采用多个小功率放大器合成所需的高功率放大器。为了获得较大的输出功率，通常采用平衡型电路进行功率合成，在此模式下，当合成器中的某个或某几个元件发生故障时，高功率放大器的性能会下降，但并不影响正常的工作。高功率放大器功率合成工作原理如图 4.8 所示。

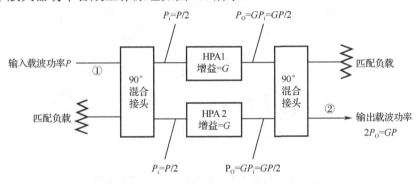

图 4.8　高功率放大器功率合成工作原理图

3）备份方式

为提高高通量地面系统的稳定性与可用度，通常在建设时考虑对高功率放大器进行备份操作，可采用 1∶1 或 1∶2 的备份方式实现。利用 4 个高功率放大器实现 1∶1 备份模式，每个极化只发射 1 路载波。当每个极化可同时发射 2 路载波时，可采用 1∶2 备份模式。当同时发送 2 路以上载波时，可采用载波合成器实现。高功率放大器双极化 1∶1 备份原理如图 4.9 所示。高功率放大器双极化 1∶2 备份原理如图 4.10 所示。用于载波合成的 1∶2 备份的高功率放大器原理如图 4.11 所示。

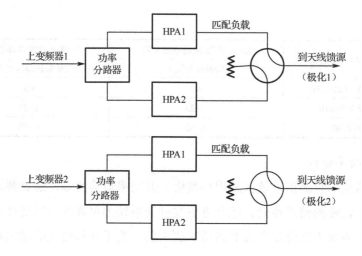

图 4.9　高功率放大器双极化 1 : 1 备份原理

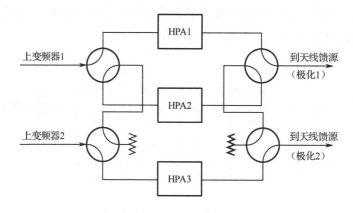

图 4.10　高功率放大器双极化 1 : 2 备份原理

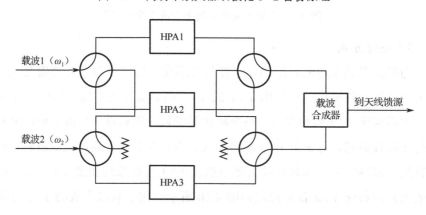

图 4.11　用于载波合成的 1 : 2 备份的高功率放大器原理

2．上变频器

国内外现有高通量卫星通信系统主要采用 L/Ku 上变频器和 L/Ka 上变频器，下面以 L/Ku 上变频器为例进行介绍。

L/Ku 上变频器将调制后的 L 频段信号变频至 Ku 频段，由于中频与射频覆盖范围均为 500MHz，因此只需利用固定频率的单点本振即可实现频谱的搬移。当信关站配置多个调制解调设备时，可利用合路器进行信号合成，然后上变频至射频发射频率；也可通过配置多个上变频器分别进行上变频操作，再经过合路器进行信号合成，发送至高功率放大器。单个上变频器配置方式如图 4.12 所示，多个上变频器配置方式如图 4.13 所示。

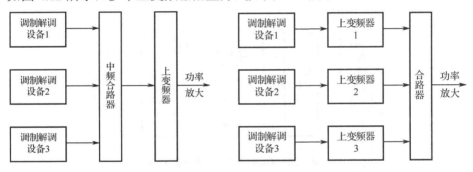

图 4.12　单个上变频器配置方式　　　图 4.13　多个上变频器配置方式

4.2.3　接收分系统

信关站接收分系统主要包括低噪声放大器和下变频器，实现将信关站接收的射频信号低噪声放大，并经下变频器变频为中频信号，再将放大后的中频信号发送至解调器进行数据解析处理。信关站接收分系统组成如图 4.14 所示。

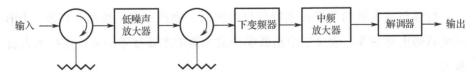

图 4.14　信关站接收分系统组成框图

1. 低噪声放大器

低噪声放大器作为下变频器的前置放大器，负责将接收的微弱射频信号进行放大处理，并通过相应操作降低噪声的放大，提高输出信噪比。低噪声放大器是射频系统中重要的通信组件，下面将对其工作原理、备份方式等关键内容进行详细描述。

1）低噪声放大器的分类

低噪声放大器利用等效噪声温度衡量内部噪声的大小，通常通过改变半导体材料的种类，降低低噪声放大器的内部噪声。GaAs FET（Gallium Arsenide Field Effect Transistor，砷化镓场效应电晶体管）低噪声放大器如图 4.15 所示。

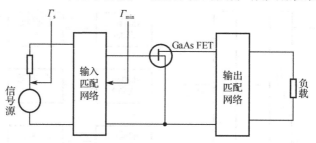

图 4.15　GaAs FET 低噪声放大器

GaAs FET 低噪声放大器的噪声系数表示如下：

$$F = F_{\min} + 4r\frac{\left|\Gamma_{\mathrm{s}} - \Gamma_{\min}\right|^2}{(1 - \left|\Gamma_{\mathrm{s}}\right|^2)\left|1 + \Gamma_{\min}\right|^2}$$

式中：$F_{\min}$ 表示低噪声放大器的最小噪声系数；Γ_{s} 表示源反射系数；$\Gamma_{\min}$ 表示产生最小噪声系数的源反射系数。输入匹配网络负责将 FET 的输入阻抗与源阻抗进行匹配，以保障在低噪声放大器工作频段内 F 与 $F_{\min}$ 尽可能匹配，以获取最大增益。

低噪声放大器的关键技术指标包括增益、噪声温度、增益平坦度、1dB 压缩点输出功率等。表 4.2 给出低噪声放大器的主要技术参数，供技术人员参考。

表 4.2　低噪声放大器的主要技术参数

型号	频率范围/GHz	增益/dB	噪声温度 /K	增益平坦 度/±dB	1dB 压缩点输 出功率/dBm
AMFW-7S-12201275-65	12.2～12.75	60	65	0.5	10
AMFW-7S-18102120-110	18.1～21.2	60	110	1	10

2）备份方式

信关站接收分系统的低噪声放大器通常采用 1∶1 的备份方式，通过波导开关实现对低噪声放大器的并联及切换使用。当主用低噪声放大器发生故障时，开关自动切换到备份电路，保障系统持续工作。1∶1 备份的低噪声放大器备份原理如图 4.16 所示。

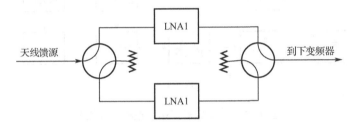

图 4.16　1∶1 备份的低噪声放大器备份原理框图

2．下变频器

下变频器在不改变信号频谱特征的前提下，综合考虑镜像抑制、组合干扰等因素，完成将射频信号下变频至中频信号，通常根据输入输出频点、带宽范围等要求，可采用 1 次下变频、2 次下变频或多次下变频的方式。下变频器工作原理如图 4.17 所示。

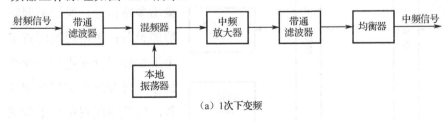

（a）1次下变频

图 4.17　下变频器工作原理框图

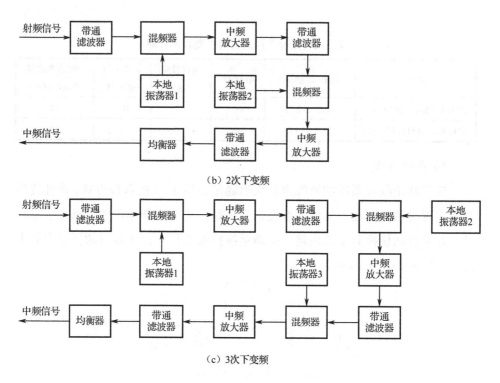

（b）2次下变频

（c）3次下变频

图 4.17　下变频器工作原理框图（续）

　　国内外现有高通量卫星通信系统主要采用 Ku/L 下变频器和 Ka/L 下变频器，下面以 Ku/L 下变频器为例进行介绍。

　　Ku/L 下变频器将低噪声放大器输出的 Ku 频段射频信号变频至 L 频段中频信号，由于中频与射频覆盖范围均为 500MHz，因此只需利用固定频率的单点本振即可实现频谱的搬移。当信关站配置多个调制解调设备时，可利用分路器输出多路信号，发送至调制解调设备；也可通过配置多个下变频器分别进行下变频操作，再发送至调制解调设备。信关站配置单个下变频器如图 4.18 所示，信关站配

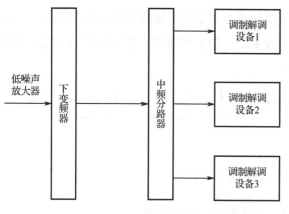

图 4.18　信关站配置单个下变频器示意图

置多个下变频器如图 4.19 所示。

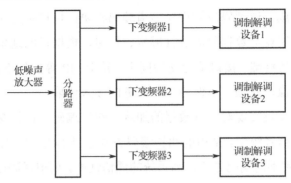

图 4.19　信关站配置多个下变频器示意图

4.2.4　调制解调分系统

高通量信关站的调制解调分系统由调制器和解调器组成，为便于系统扩容及维护，调制器和解调器通常设计为板卡模式，支持热插拔及热备份。按照系统实际使用需求，可配置多块调制板卡和解调板卡，并由网络管理系统对其进行统一监测管控。

1．调制解调器的基本原理

接口单元实现业务数据的接收，经信道编码和载波调制后，输出中频信号至发射分系统；解调单元实现对接收分系统发送的中频信号进行解调和译码，并将解调后的业务数据传输至相应业务终端。调制解调器的原理如图 4.20 所示。

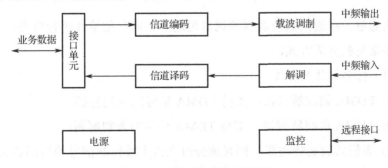

图 4.20　调制解调器原理框图

接口单元对发送来的多路业务数据进行组帧、拼接，并完成信道速率匹配等操作，形成二进制码流发送至信道编码模块；接口单元对信道译码模块发送来的二进制业务数据码流进行解析、拆包，根据目的地址将业务数据发送至匹配的业务终端。接口单元支持同步、异步、IP 等多种格式的数据接入，支持语音、图像、视频、文件等多类业务的接入传输。

信道编码模块实现对业务数据的加扰、纠错编码、比特交织等操作，在高通量卫星通信系统中，常用的纠错编码方式包括 BCH 码、LDPC 码、Turbo 码等，通过采用不同编码方式提高系统的通信性能。信道译码模块是信道编码模块的逆向操作，实现解交织、纠错译码、解扰等操作，恢复业务数据码流。

高通量的载波调制模块采用正交调制方式，将符号映射、滤波处理后的二进制业务码流转换为正交的 I 路和 Q 路两路信号，经数模转换后调制到 L 频段中频信号。L 频段中频信号覆盖 500MHz 的频率范围，支持多个转发器带宽，为提高转发器频带资源利用率，一般要求载波调制模块输出的中频信号具有较小的频率步进，同时为了保障发射链路增益的灵活性，要求载波调制模块支持较宽的输出电平。目前高通量卫星通信系统的载波调制方式可高达 256 APSK，实现高效的数据调制处理。

解调模块首先将接收的中频信号变频至零中频，然后经模数转换或中频采样转换为 I 路和 Q 路两路信号处理，实现载波恢复、符号解映射等功能。

监控模块与网络管理系统互通，实现对调制解调分系统设备的状态监测与控制管理，支持本地或远程对系统参数的配置更改以及监测显示。

2. 高通量卫星通信系统调制解调器的常见分类

高通量卫星通信系统调制解调器可基于不同参数特性进行分类，下面给出一些常见的分类方式。

（1）按多址体制分类。

① FDMA 调制解调器：支持 FDMA 信号的调制解调。

② TDMA 调制解调器：支持 TDMA 信号的调制解调。

③ 多模式调制解调器：同时或分时支持多种体制信号的调制解调。

（2）按载波工作模式分类。

① 连续载波调制解调器：在通信过程中载波一直处于开启状态。

② 突发载波调制解调器：在通信过程中载波开启受业务驱动，处于时断时续接通状态。

③ 自适应变参数调制解调器：在通信过程中载波参数自适应调整，以实现系统资源的最大化利用及通信质量的最优化保障。

（3）按信息速率分类。

① 中速调制解调器：信息速率一般从几兆比特每秒到几十兆比特每秒。

② 高速调制解调器：信息速率一般从几十兆比特每秒到几吉比特每秒。

③ 可变速调制解调器：信息速率自适应可调。

4.2.5　业务接入分系统

业务接入分系统支持视频、语音、图像等多类型业务的接入。在发送业务时，业务首先经信源编解码器进行编码操作，以降低业务传输中所占用的带宽资源；接口处理单元完成对业务数据的汇聚及接口适配，通常高通量卫星通信系统对外提供标准 IP 接口，适配市面上大多数 IP 业务终端，在接口适配方面具有良好的普适性；在接收业务时，接口处理单元根据业务的目的 IP 进行数据分发，并经信源编解码器解码后发送至相应业务终端进行业务操作。业务接入分系统的组成如图 4.21 所示。

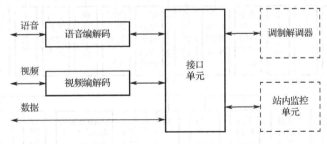

图 4.21　业务接入分系统组成框图

当检测到有业务数据需要传输时，网络管理系统根据业务量大小、业务优先级等信息，为待传业务进行带宽、时序等资源的分配，接口单元根据网络管理指令对业务数据进行汇聚传输，并适配接口协议，提高链路的传输效率。

4.2.6 监控与管理分系统

监控与管理分系统实现对信关站内所有设备的工作状态、通信载波的运行状态、系统运维状态以及网络性能状态的监控和管理，是高通量卫星通信系统的核心单元。下面分别从设备监控、载波监控、系统管理及网络管理四个层面，对监控与管理分系统进行介绍。

1. 设备监控

设备监控实现对信关站天线、发射、接收、调制解调等分系统设备的监测、管理、状态调整及异常处置，通常由工作台、交换设备及配套处理软件组成。工作台是设备监控软件的硬件承载平台和对外显示平台，实现对监控状态、异常状态、历史统计数据的显示；设备监控处理软件支持本地或远程对各设备的运行状态进行实时控制，对异常状态进行恢复操作。信关站设备监控系统的组成如图 4.22 所示。

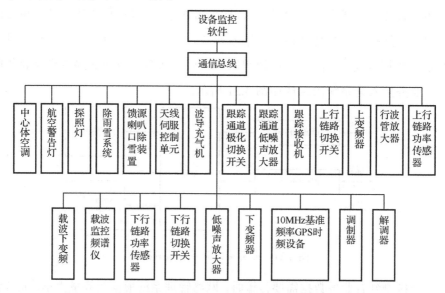

图 4.22 信关站设备监控子系统组成框图

设备监控软件通过串口、以太网口与各模块进行交互，实现状态信息的收集及控制信息的下发，设备监控软件的主要功能如下。

（1）系统监控。

负责对信关站全网设备的工作状态及运行参数实时监控，并通过不同颜色显示设备的正常运行、离线待机、异常告警等状态，记录设备历史运行数据。

（2）设备监控。

为每个设备提供单独监控界面，详细显示设备的运行状况和各项工作参数，提供统计数据显示及历史状态查询等功能，支持对设备工作参数的远程修改。

（3）设备故障处理。

对各设备上传的状态数据进行统计分析，支持设备异常预判、故障信息上报等功能，并支持故障点定位分析，协助故障状态快速解除。

（4）参数配置。

支持设备参数的配置，并可对配置信息进行显示、修改、存储、打印。

（5）用户管理。

支持对系统用户的增加、修改、删除等操作。

2. 载波监控

对接收载波的电平信息进行监控，并反作用于发射载波，控制发射信号质量达到最优状态。同时对发射载波的监控可有效防止发射功率过高，能有效避免对其他通信载波的通信影响。利用频谱监测设备对载波中心频点、信号电平、扫描时间等信息进行监测，并与各参数阈值对比分析，实现对载波状态的实时控制调整，根据监测需要可对调整结果存储记录，并形成统计分析模型。

3. 系统管理

系统管理实现地面信关站网络的性能监控和报警管理，包括资产管理、设备管理、运维与监控管理、故障告警管理、安全管理等模块。系统管理模块组成如图 4.23 所示。

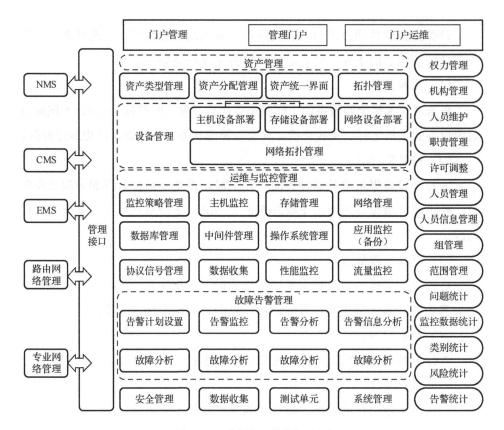

图 4.23　系统管理模块组成图

4．网络管理

高通量卫星通信系统与传统卫星通信系统的区别主要在于对卫星资源的管控、对超大规模用户资源的管理、对跨区跨波束的移动性管理三个方面。

在卫星资源管理方面，实现从卫星、卫星网络、信关站、波束、波束组和网络段六个层面对全网频带资源的规划管理。

在超大规模用户资源管理方面，实现对用户、VNO 用户、角色及角色权限的管理。

在跨区跨波束移动性管理方面，采用集中式控制管理实现自动波束切换，用户仅需在网络管理系统上为移动终端配置多个网络段，当网络管理系统检测到移动终端离开原波束时，触发切换流程，同时执行相应切换策略，使移动终端切换至一个新的最优波束和最佳网络段。

4.3　运营中心

高通量卫星的大容量及海量用户特点，要求运营商必须转变传统粗颗粒度的转发器租赁服务模式，改为通过完备的运营支撑系统实现网络的全流程精细化管理。

4.3.1　运营中心组成

运营中心一般由运营支撑系统、交换路由系统和数据中心组成，实现对全网业务的运营支撑管理。运营中心各组成部分关系如图 4.24 所示。

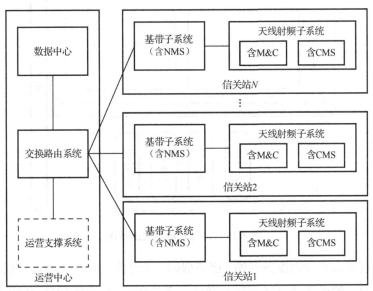

图 4.24　运营中心各组成部分关系图

运营支撑系统实现业务受理、业务计费、业务营收、宽带认证、生产调度、报表分析等功能；数据中心部署协议处理器、网络控制器、数据处理器等设备，实现与信关站之间的信令和业务数据交互；交换路由系统部署边界路由、防火墙、汇聚交换机、互联路由等设备，实现与信关站、地面网络之间的互联，以及安全防护、审计等功能。

运营支撑系统和数据中心是运营中心的核心组成部分，下面两节将分别对其展开详细论述分析。交换路由系统采用较为成熟的技术，未针对高通量系统进行特殊的专项设计，因此不作为本书的论述内容开展详细分析。

4.3.2　运营支撑系统

运营支撑系统是运营中心的核心管控单元，由底层运营支撑和上层业务支撑两部分组成，实现对内部支撑、上层应用、前台销售、客户服务的全流程管控分析。运营支撑系统组成如图 4.25 所示。

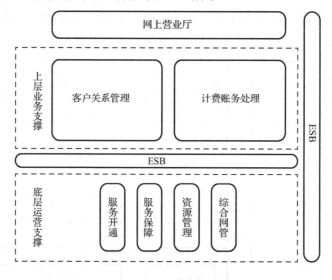

图 4.25　运营支撑系统组成图

底层运营支撑由服务开通、服务保障、资源管理和综合网管等模块组成，实现面向多维业务的灵活开通与激活，系统资源的按需管理与高效调配，网络状态的监控管理与统计分析，业务服务的按需支撑与保障。运营支撑在保障业务快速提供、生产调度不断优化、服务水平接续提高、网络整体效能持续提升的基础上，可满足最终用户的高效运维管理。

上层业务支撑由客户关系管理和计费账务处理两部分组成，客户关系管理实现客户管理、产品管理、套餐管理、订单管理等功能；计费账务处理实现账务处理、综合结算、收费管理、营收管理等功能。上层业务支撑通过网上营业厅实现业务的受理及内容展示，通过后方平台实现对业务运营和客户服务的支撑。

底层运营支撑和上层业务支撑通过 ESB（Enterprise Service Bus，企业服务总线）互联，实现开通管理、服务管理、销售支持、问题管理等业务的信息交互。

1. 虚拟运营

高通量卫星的运营支撑系统支持 VNO 虚拟子网的建设，可实现高通量运营商与 VSAT 运营商、ISP（Internet Service Provider，互联网服务提供商）运营商联合开拓卫星通信市场。在该模式下，VSAT 运营商和 ISP 无须自建地面信关站网络，通过资源采购方式为最终用户提供卫星通信接入服务，既能保留原有业务网络的运行管理，又可避免高成本的基础网络建设。高通量卫星通信系统 VNO 虚拟运营架构如图 4.26 所示。

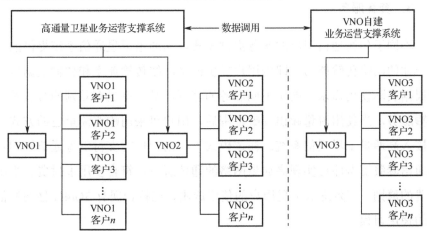

图 4.26　高通量卫星通信系统 VNO 虚拟运营架构

虚拟运营的主要实现方式有以下几种。

（1）高通量卫星运营商向 VSAT 运营商和 ISP 出售卫星带宽资源，由 VSAT 运营商和 ISP 为用户提供通信终端和资费套餐等服务。

（2）运营支撑系统为 VSAT 运营商和 ISP 开通权限，支持其自建管理系统完成对自有用户的业务开通、流量统计、缴费处理等操作。

（3）运营支撑系统与 VSAT 运营商和 ISP 的管理系统进行信息共享，统计网络运行状态信息，并对相应权限进行操作管理。

2．业务流程

按照服务对象不同，可将业务流程划分为三个维度：

（1）用户维度：包含开户、过户、销户、资料变更、业务变更、信息查询、缴费等多个应用场景。

（2）代理运营商维度：包含服务开通、计费、统计结算、发票打印等多个应用场景。

（3）资源设备维度：包含资源管理、终端管理、物流管理、故障维护等多个应用场景。

每个应用场景对应不同的业务执行流程，用户开户的流程如图4.27所示。

3．套餐服务

不同于传统通信卫星的服务提供模式，高通量卫星通信系统提供的是天地一体的网络传输能力，即为用户提供的是网络传输速率和传输数据量。用户根据实际使用需求，购买不同服务的套餐产品，享受有差别的带宽及速率传输服务。当使用流量超出套餐范围后，用户可采用购买流量包的方式，继续接入高通量卫星通信系统。在该模式下，用户仅需支付卫星通信终端费用和通信套餐资费即可实现高通量网络的通信服务，符合多用多付费、少用少付费的原则，有效降低卫星用户的使用成本，也符合现有 3G/4G 移动通信用户的使用习惯。

4．组网设计

运营支撑系统采用网络分层结构设计，提供接入层、汇接层和核心层三层架构。接入层为下层服务器提供接入接口，汇接层实现对接入交换机的汇聚接入，核心层提供核心路由器的对外接口，防火墙负责整个资源池的安全隔离通信。运营支撑系统网络拓扑如图 4.28 所示。

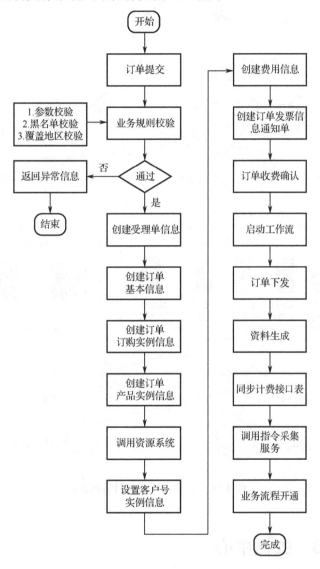

图 4.27 用户开户流程图

运营支撑系统是高通量卫星实现业务服务的核心管控单元，除上述的软/硬件功能及组网设计外，还需对网络管理能力、系统可用度、安全加密传输等方面进行更高标准的设计，以保障系统的安全可靠运行。

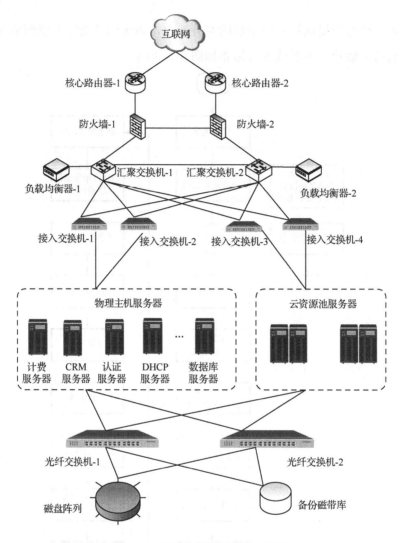

图 4.28 运营支撑系统网络拓扑图

4.3.3 数据中心

数据中心通常由协议处理器、网络控制器和数据处理器等设备组成，实现与信关站之间的信令和业务数据交互。同时，数据中心还实现卫星资源管理、QoS 保障及 TCP 加速等功能。数据中心的组成如图 4.29 所示。

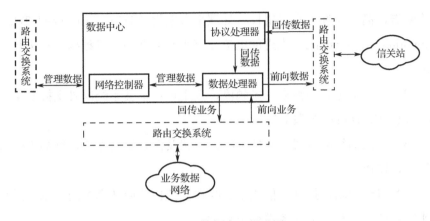

图 4.29 数据中心组成图

4.4 典型高通量地面系统

本节将对航天恒星、Hughes、Viasat、Gilat、iDirect、Newtec 等国内外高通量卫星通信系统厂商的系统进行分析,为后续高通量卫星通信系统建设、发展提供参考。

4.4.1 Anovo

Anovo 卫星通信系统是航天恒星科技有限公司基于 DVB 协议和标准研制的我国首套大规模组网的卫星通信系统,具有完全自主知识产权,可用于组建企业、政府、国防等专网,也可为大众用户提供多媒体通信、互联网接入等公共宽带服务。

1. 技术特点

Anovo 系统的主要技术特点如下。

(1)先进的系统架构:基带设备全 IP 网络架构,支持电信级 $M:N$ 板级热备份,无单点故障;网管、协议处理和加速云化设计,虚拟化集中式或分布式部署，高可靠性、高可用性；处理平台采用 ATCA（Advanced Telecom Computing Architecture，先进的电信计算平台）架构，可根据需求进行灵活扩展。

（2）支持多星、多波束、多频段、多用户：单套系统同时支持 C 频段、Ku 频段、Ka 频段和多颗卫星。

（3）灵活的组网方式：支持星状、网状及混合组网方式，终端由网管统一管理、监控。

（4）自适应功率控制：信关站、终端支持自适应功率控制技术，系统能够实时对信关站和终端功率进行调整。

（5）自适应编码调制：前向链路自适应编码调制方式支持从 QPSK 1/4 到 32APSK 9/10，可根据链路情况任意选择，且解调门限调整范围高达 18dB；反向链路自适应编码调制方式支持从 QPSK 1/3 到 16QAM 3/4，可根据链路情况任意选择，且链路功率调整余量大于 20dB。

（6）支持加速技术：支持 TCP/HTTP（Hypertext Transfer Protocol，超文本传输协议）加速技术。

（7）QoS 保障：根据每个站点需要传输的业务类型的不同，可以为其设置不同的优先级和带宽使用限制，可支持业务优先级与终端优先级双重配置。

（8）安全性：提供链路加密、数据加密、认证鉴权、网络隔离等定制化功能。

（9）易用性：系统管理显示图形化，监控管理表格化；提供图形向导式操作，用户根据提示可自行完成安装操作，系统配置简单易用。

2．终端设备

Anovo 系统配备一系列卫星通信终端，并提供信关站基带平台和网络管理系统，实现对卫星网内终端的统一管控。

（1）Anovo3000C 基带平台。

Anovo3000C 基带平台遵循 DVB-S2X/RCS2 协议，前向单载波速率可达 125Msps，反向单载波速率可达 12.5Msps，基于高通量卫星通信系统实现高

吞吐量卫星宽带网络接入，提供高速、高安全性的宽带通信服务。Anovo3000C
基带平台实物如图 4.30 所示。

图 4.30　Anovo3000C 基带平台实物图

基带平台的特性如下。

① 通信体制：TDM/MF-TDMA。

② 单机柜吞吐量：10Gbps。

③ 支持终端数量：200 万个。

④ 多星、多波束及多频段灵活组网。

⑤ 前向链路和反向链路具备 ACM 抗雨衰机制。

⑥ 支持终端优先级和业务优先级模式。

⑦ 支持 TCP 和 HTTP 加速。

⑧ 支持二层 VLAN（Virtual Local Area Network，虚拟局域网）和三层
VRF（Virtual Routing and Forwarding，虚拟路由转发）混合网络。

⑨ 支持两级 VNO 的虚拟运营。

⑩ 支持跨星跨波束的终端漫游。

⑪ 支持全球宽带管理功能，实现全网终端漫游时 QoS 动态保障。

⑫ 支持终端随遇接入。

⑬ 支持商用 TRANSEC（Transmission Security，传输安全）、IPsec（Internet

Protocol Security，互联网络层安全协议）等加解密功能。

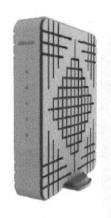

图 4.31 普通终端实物图

（2）普通终端。

普通终端采用 TDM/MF-TDMA 体制，支持星状网络拓扑。机顶盒式设计外观，适用于消费型用户的桌面式部署。普通终端实物如图 4.31 所示，其参数如下。

① 前向速率：最大 67Msps。

② 反向速率：最大 8Msps。

③ 接口：2 个 75 欧姆 F（Female）头、1 个网口（RJ-45，100M/1000M 自适应）、1 个串口（RJ-45）。

④ 供电方式：DC24V，功耗≤18W。

（3）高级终端。

高级终端支持星状网络拓扑、点对点传输方式，支持 TDMA、FDMA 两种工作模式，可建立端对端的业务载波，为用户提供大带宽、高速率传输服务。高级终端实物如图 4.32 所示。

图 4.32 高级终端实物图

高级终端的参数如下。

① 前向速率：FDMA 最大 125Msps；TDMA 最大 125Msps。

② 反向速率：FDMA 最大 56Msps；TDMA 最大 12.5Msps。

③ 接口：2 个 50 欧姆 N 头、2 个网口（RJ-45，100M/1000M 自适应）。

④ 供电方式：AC220V，功耗≤50W，不包含室外单元。

⑤ 尺寸：1U 标准机架式。

（4）FOU（Full Outdoor Unit，全室外单元）终端。

FOU 终端采用 TDM/MF-TDMA 体制，支持星状网络拓扑，射频设备和卫星调制解调器一体化设计，具有体积小、质量小、安装方便等特点。FOU 终端实物如图 4.33 所示，其具体参数如下。

图 4.33　FOU 终端实物图

① 前向速率：最大 125Msps。

② 反向速率：最大 12.5Msps。

③ 接口：RJ-45，100M/1000M 自适应。

④ 供电方式：AC220V［POE（Power Over Ethernet，以太网电源）48V］适配器。

⑤ 质量：1.8kg。

（5）便携一体机。

便携一体机采用 TDM/MF-TDMA 体制，支持星状网络拓扑，终端集成卫星调制解调器和操作平台，功能完备、操作方便、集成度高，便于用户携带，可用于野外作业。便携一体机实物如图 4.34 所示，其具体参数如下。

图 4.34　便携一体机实物图

① 前向速率：最大 67Msps；

② 反向速率：最大 8Msps；

③ 接口：航空插头 N 头、3 个网口（RJ-45，100M/1000M 自适应）；

④ 供电方式：AC220V；

⑤ 质量：6.5kg。

（6）机载终端。

机载终端采用 TDM/MF-TDMA 体制，支持星状网络拓扑，是专门针对机载站设计的卫星通信终端。机载终端实物如图 4.35 所示。

机载终端的具体参数如下。

① 民航标准：ARINC791；

② 电磁兼容环境试验：DO160G；

③ 前向速率：最大 125Msps；

④ 反向速率：最大 12.5Msps；

⑤ 接口：2 个千兆网络接口，8 个百兆网络接口。

图 4.35　机载终端实物图

4.4.2　Jupiter

Jupiter 高通量卫星通信系统是 Hughes 公司研制的下一代超小孔径终端平台，系统基于 DVB 协议（前向采用 DVB-S2X 协议），提供 235Msps 的前向单载波速率和 50Msps 的反向单通道速率，支持通过高通量卫星和传统卫星提供宽带服务。Jupiter 高通量卫星通信系统具有灵活、强大的网关架构，支持 16000 个 TCP 会话的同时加速，满足固定蜂窝回程、社区 WiFi 热点搭建、航空航海移动服务等多用户场景的通信需求，实现对卫星容量的最大化利用。系统特性如下：

（1）采用业内最先进的卫星空口传输技术，具有前向超宽带、反向超高速的特点；

（2）采用多核架构的超大规模集成电路（Very Large Scale Integrated Circuit，VLSI）处理器芯片，单芯片支持 1.1Gbps 数据吞吐率，全系列卫星终端支持 400Mbps 数据吞吐率；

（3）支持软件定义广域网络（SD-WAN）技术，基于多通信链路实际性能和系统配置策略，自动匹配负载，选择最佳路径，保障整个网络的传输质量；

（4）基于扰码多址、干扰抑制等技术，提升加密网站浏览性能。

1．关键技术

（1）蜂窝网络卫星回程技术。

Jupiter 高通量卫星通信系统为运营商提供了一整套基于高通量卫星的无线电接入网（Radio Access Network，RAN）回程解决方案，方案的高可扩展性和高经济适用性，使其迅速打开了农村及偏远地区的卫星通信服务市场。蜂窝网络卫星回程架构如图 4.36 所示。

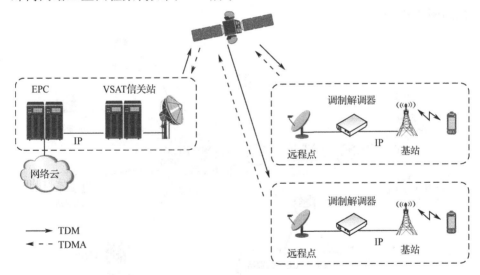

图 4.36　蜂窝网络卫星回程架构图

蜂窝网络卫星回程技术采用 TDM/TDMA 通信体制，根据各远程点高峰时段的错峰，为不同地点的远程点提供满足需求的卫星容量资源，实现分时的卫星容量共享。对于申请专用容量的远程点，系统使用 DVB-S2X 协议返回信道满足通信需求。在传统的 4G/LTE 网络中，eNB（Evolved Node B，演进型 Node B）和 EPC（Evolved Packet Core，演进的分组核心）之间采用 GPRS（General Packet Radio Service，通用分组无线服务）的 GTP（GPRS Tunneling Protocol，GPRS 隧道协议）以实现封装用户流量阻塞。在该架构下，基于高通量卫星的通信链路免除了 GTP 报头的封装信息，同时在网关处对数据进行重新组合，整体实现总通信流量降低 30%~60%。

Jupiter 高通量卫星通信系统已完成与 RAN 设备制造商的集成测试，实现超过 200Mbps 的回程数据吞吐量，其链路延迟约为 600ms、抖动约为 10ms，均达到业界领先技术水平。

（2）MPLS（Multi-Protocol Label Switching，多协议标签交换）技术。

Jupiter 高通量卫星通信系统与 MPLS 网络的交互支持扩展或备份两种模式。在扩展模式下，Jupiter 高通量卫星通信系统作为网络延伸，聚合来自一个或多个远端站的 IP 流量，将其连接到 MPLS 网络中。MPLS 网络的扩展结构如图 4.37 所示。

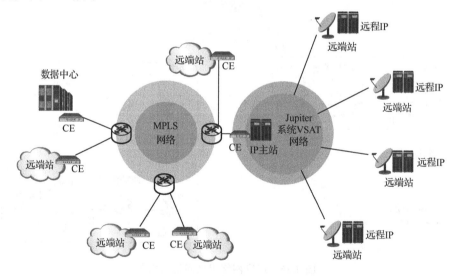

图 4.37 MPLS 网络的扩展结构图

在备份模式下，若当前 MPLS 网络路径异常，可通过 Jupiter 高通量卫星通信系统提供一条备份路径，保障 MPLS 访问可达。MPLS 网络的备份结构如图 4.38 所示。

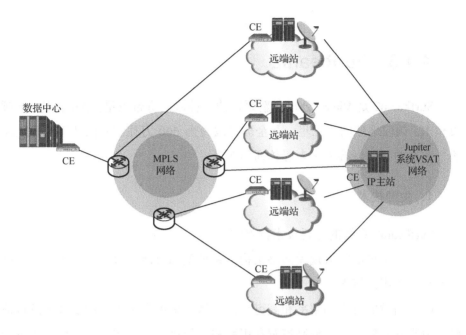

图 4.38　MPLS 网络的备份结构图

2. 终端设备

Jupiter 高通量卫星通信系统终端包含机架式和桌面式两类。

机架式终端设备可安装在标准机架上，终端支持大带宽连接和多种带宽分配技术，支持 IPv4（Internet Protocol Version 4，互联网协议第 4 版）/IPv6（Internet Protocol Version 6，互联网协议第 6 版）、NAT（Network Address Translation，网络地址转换）/PAT（Port Address Translation，地址端口转换）、DHCP（Dynamic Host Configuration Protocol，动态主机配置协议）、VRRP（Virtual Router Redundancy Protocol，虚拟路由冗余协议）、DNS（Domain Name System，域名系统）等功能，适用于蜂窝网络回程、MPLS 扩展服务、虚拟专线服务及其他大带宽应用。

桌面式终端适合放置在家庭或办公室桌面，前向链路采用 DVB-S2X 协议，反向链路采用 LDPC 编码和 AIS（Automatic Identification System，自动识别系统）自适应路由选择技术，以获得最佳的终端性能。卫星路由器支持带宽密集型多媒体应用，提供高达 200Mbps 的吞吐量。

4.4.3　Surfbeam2

Surfbeam2 是 Viasat 公司最新研发的一种双向宽带卫星系统,依托 Ku 频段和 Ka 频段地球同步卫星,在全球范围内为 500 万住宅及商业用户提供高速、丰富的互联网接入和多媒体通信服务。

1．关键技术

Surfbeam2 系统的主要技术特点如下。

(1)易于扩展的大规模网络架构:系统架构灵活部署,支持数十万、甚至上百万的用户接入;

(2)高效的带宽利用率和高可靠性通信:采用先进的 ACM 技术及自适应信道衰减补偿技术,提高带宽利用率和系统可用度,实现在单位带宽下为更多用户提供通信服务;

(3)优质的用户通信保障:基于精细的 QoS 管理策略及丰富的带宽调度机制,保障用户服务质量;

(4)强大的运营支持系统:基于电信级的客户服务构架,提供完备的运维服务保障;

(5)VNO:支持 VNO 网络设计,每个 VNO 服务提供商独立运营网络,并通过共享网络资源降低运营成本。

2．终端设备

Surfbeam2 系统提供系列化终端设备,包括信关站和多种类型终端,信关站和各终端特性如下。

1)信关站

Surfbeam2 系统信关站为卫星的连接和地面网络的接入提供服务,为降低单点故障带来的系统影响,在设计之初考虑设备的冗余备份配置。

（1）卫星调制解调系统。

卫星调制解调系统部署于标准的 13 槽电信级 ATCA 机箱，通过配置一定数量的调制板卡和解调板卡，实现单机箱提供 1GHz 的卫星带宽处理能力。系统实现前向链路的功率和频率管理、卫星网络的带宽管理及用户终端与信关站之间的通信管理。

（2）接入服务网络。

接入服务网络负责验证和授权用户访问、管理和统计业务流量，并根据用户服务等级，保障其通信带宽和流量，确保网内各用户都能获得较好的通信服务。

（3）加速系统。

系统加速服务器位于信关站内，用户终端嵌入加速客户端软件，采用加速技术，极大提高终端用户基于 HTTP 和 TCP 的电子邮件、远程文件共享及个人网络等应用的性能和吞吐量。

（4）网元管理系统。

信关站网元管理系统负责卫星网络元素故障的检测、隔离、通知和恢复，同时还支持将采集的运行信息发送至网络操作中心，供系统管理使用。

（5）网络操作中心。

网络操作中心通过网络管理系统、运营支撑系统和业务支撑系统实现对卫星网络的管理，并为用户提供网络通信服务。

2）终端

Surfbeam2 系统的终端主要分为住宅用户终端、专业终端和便携式终端三种类型。其中，住宅用户终端和专业终端包括室内单元和室外单元，两部分通过一条同轴电缆实现互连，同时室内单元通过标准以太网接口实现与家庭任一网络的无缝对接。便携式终端将室内单元和室外单元集成于加固终端中，适用于新闻采集、战术军事行动或任何需要快速搭建通信链路的应用场景。各种类型终端可提供的最大下载速率为 40Mbps，最大上传速率为 10Mbps。

4.4.4　Velocity

Velocity 是 iDirect 公司研制的一款基于 IP 的高通量卫星通信系统，专门为有大规模组网需求和高移动性通信需求的高通量卫星运营商设计。目前，Velocity 系统为 Inmarsat、Intelsat、SES 和 Telenor 等运营商提供高通量卫星通信服务。Velocity 系统以 Evolution 平台功能为基础，重点解决了波束切换、移动性管理等难点问题。

1．关键技术

Velocity 系统的主要技术特点如下。

（1）灵活高效的核心架构。

Velocity 系统采用载波自适应和 ACM 等技术，自动匹配流量需求，在分布式网络上高效分配带宽；系统的 VNO 模式支持运营商自建管理网络，保障原有业务模型不受影响；远程升级功能支持系统远程维护及新功能的灵活添加。

（2）全球带宽管理。

全球带宽管理使运营商能够管理单个带宽池，以确保客户在跨越多个点波束覆盖区域内的正常通信。全球带宽管理包括组服务质量、负载均衡、公平访问策略等方案，通过创建组服务计划，为虚拟网络运营商提供逻辑划分选项。

（3）先进的移动性。

Velocity 系统提供自动波束选择功能，使移动终端在短时间穿越多个点波束后仍可保持通信畅通，实现全球通信服务。系统同时支持扩频波形技术，使飞机、船只、车辆等空间受限平台能够加装小口径卫星天线，实现高通量卫星通信的服务提供。系统支持先进多普勒补偿和快速再捕获等技术，为移动通信性能提升提供保障。

（4）电信级 QoS 保障。

系统支持多级 QoS 保障，并通过 ACM、负载均衡等技术，保证用户的通信质量。

（5）与地面网络的融合。

Velocity 系统支持二层网络架构设计，可实现全球 IP 网络的无缝运行，确保企业级用户体验。

2．终端设备

Velocity 系统提供系列化终端设备，包括通用卫星主站和多种类型终端，主站及各终端特性如下。

（1）通用卫星主站。

Velocity 系统主站为运营商提供高性能的卫星网络通信服务，主站产品特点如下。

① 最多支持 20 个调制解调板卡；

② 支持高载波符号率；

③ 与高性能协议处理器和 NMS 服务器交互操作，实现智能 IP 路由和负载均衡；

④ 支持冗余热备配置。

（2）网络管理系统。

Velocity 系统的网络管理系统支持卫星运营商和服务提供商智能化地管理复杂大型网络，提供状态及指标分析功能，实现最优决策制定和快速故障处理，不断提升客户满意度。网络管理系统的特点如下。

① 基于 Web 界面设计；

② 支持实时监控；

③ 开放的 API（Application Program Interface，应用程序接口）；

④ 提供灵活的权限设置，支持多种业务模型；

⑤ 支持网络状态监测，支持运行状态分析。

（3）终端。

Velocity 系统的通用卫星终端主要包含商业终端和安防终端两类。

① 商业终端基于面向未来的硬件和软件定义体系结构,可实现最大的灵

活性和扩展性，适合宽带访问、中小型企业应用、海事应用、大规模网络等通信场景。

② 安防终端基于高通量卫星和小口径天线，为政府、军队等用户提供高速率、大带宽、可移动使用的卫星通信接入服务。

4.4.5　Dialog

Dialog 是 Newtec 公司研制的一款多业务甚小口径终端平台，支持根据具体使用需求，为运营商和服务供应商提供基础设施和卫星网络服务。系统反向链路支持 MF-TDMA、SCPC（Single Channel Per Carrier，单路单载波）和 Mx-DMA（Multi-Dimensional Dynamic Medium Access，多维动态多址接入）三种模式，动态的 Mx-DMA 结合了 MF-TDMA 和 SCPC 的优势，以最高的效率水平提供动态带宽分配。Dialog 系统特性如下。

（1）支持多星、多频段、多点波束通信；

（2）前向链路：DVB-S2 ACM 技术；

（3）反向链路：支持 SCPC、MF-TDMA 和 Mx-DMA 模式；

（4）支持 7 级 QoS 管理；

（5）支持十万终端入网管理；

（6）支持 GUI（Graphical User Interface，图形用户界面）、API、VNO 等多种先进的网络管理功能；

（7）文件交换管理单元负责文件数据安全可靠地分发与交换。

1. 关键技术

Dialog 系统提供跨维度多址返回技术和带宽消除技术的解决方案。

（1）Mx-DMA。

Dialog 系统的 Mx-DMA 技术可基于反向流量需求、QoS 保障策略和网络负载情况等，实时调整通信终端的频率、符号率、调制编码方式和发射功率，使终端在专用载波上传输效率最高，实现类似 SCPC 的通信模式。同时

Mx-DMA 技术保持了 MF-TDMA 的灵活性，仍可以按需实时分配带宽。

因此 Mx-DMA 是一组组合的流量增强技术，通过调整卫星网络中每个终端的传输计划参数，优化网络传输性能。与 SCPC 模式相比，Mx-DMA 节省了 50% 的带宽；与 MF-TDMA 模式相比，Mx-DMA 节省了 50% 的带宽。该传输模式下，终端传输速率可达 200Mbps。同时，Mx-DMA 支持甚低信噪比（VLSNR）编码，支持小型天线和移动终端的通信使用。

（2）带宽消除技术。

带宽消除技术允许将两个载波传输到相同的通信频带，接收端利用消除机制消除叠加的其他载波信号，从而获得所需信息。当通信带宽资源不足时，该项技术可发挥最大效能，在不新增卫星带宽资源的前提下，完成业务信息的传输，通常可实现 50% 的带宽节省。系统通过加快同步速度、增加多种监控参数等方式，提高消除算法的抵消性能。

2．终端设备

Dialog 系统提供系列化终端设备，包括主站和终端，主站及终端特性如下。

（1）主站。

Dialog 系统主站采用先进的 DVB-S2X 协议，支持前向大载波通信。主站按需配置多个调制器和解调器，支持 $N:M$ 冗余热备，提高系统的可用度和稳定性。系统通过增加多个载波调制器、解调器和服务器，并在网络管理系统中激活新增设备，即可快速、轻松地实现容量扩展。系统特性如下：

① 高度灵活和可扩展的网络架构；

② 支持高达 500MBaud 的前向载波；

③ 反向链路支持 SCPC、MF-TDMA、Mx-DMA 模式；

④ 电信级可靠性，内置冗余。

（2）终端。

卫星调制解调器支持 DVB-S2 和 DVB-S2X 协议标准，在相同带宽资源下，为用户提供更高品质的通信服务。产品特性如下：

① 支持 DVB-S2 和 DVB-S2X 协议标准，调制方式最高可达 256APSK；

② 支持速率从 1Mbps 到 425Mbps 可调；

③ 支持带宽消除技术（最多 72MBaud）；

④ 支持上行链路功率自动控制；

⑤ 支持自适应流量调整和带宽管理；

⑥ 支持先进的 QoS 策略；

⑦ 适用于低、中、高速应用。

4.4.6　SkyEdge Ⅱ-C

SkyEdge Ⅱ-C 是 Gilat 公司研制的一款高性能卫星通信系统，其全面的网络管理性能和多样化的卫星通信终端，使得卫星服务满足任何场景的使用需求。系统优势如下：

（1）具有高可扩展性，支持任意数量的频带、载波、卫星或卫星波束；

（2）支持多个 VNO 服务平台；

（3）灵活的系统平台支持所有通信应用，降低运营商风险，为多个应用程序共享卫星带宽；

（4）支持特定市场对系统进行优化。

1. 关键技术

SkyEdge Ⅱ-C 系统的主要技术特点如下：

（1）最高的频谱效率。

SkyEdge Ⅱ-C 系统采用创新的传输技术，可提供出色的性能和空间分频效率。前向的宽带 DVB-S2X 载波和反向的自适应传输，可在任何传输条件下实现最大的服务可用性和最高的频谱效率。这是通过在每个时隙的基础上采用自适应功率控制，改变每个 VSAT 的载波符号率、MODCOD 和滚降系数来实现的。

（2）为虚拟网络操作系统提供先进的中央服务管理接口。

SkyEdge Ⅱ-C 系统提供先进的网络管理功能，并通过电子 B2B 接口使服务管理适用于虚拟网络操作，支持运行状态实时查看、事件统计分析、故障告警、趋势分析等功能。

2. 终端设备

Gemini-i/Gemini-e 是一款高吞吐量 VSAT，支持快速的网络浏览、视频流传输、IPTV（Internet Protocol Television，互联网电视）、VoIP（Voice over Internet Protocol，互联网电话）和其他带宽密集型服务，旨在提供高速企业宽带互联网服务。

Gemini-i/Gemini-e 包含一个功能齐全的 IP 路由器，因此无须外部路由器就可以支持强大的路由功能，同时该系列也支持下一代 IPv6 网络，支持二层服务。Gemini-i/Gemini-e 采用先进的 QoS 服务策略，保证了 VoIP 和视频流等实时应用程序性能，同时支持其他数据应用程序。为了确保快速的网页浏览和高质量的用户体验，该系列产品包含全套协议优化和应用程序加速功能，并采用最高级别的传输安全性。产品特性如下：

（1）支持 C 频段、Ku 频段和 Ka 频段；

（2）支持高级 QoS、VLAN 和路由协议，支持企业服务；

（3）支持基于 Web 的加速和压缩技术，可实现快速 Web 浏览；

（4）支持高质量的 VoIP 和视频服务；

（5）简单的安装和服务激活操作；

（6）支持监控和服务管理。

第 5 章

高通量卫星应用市场

高通量卫星通信系统主要应用领域有地面固定应用、地面移动应用、海事应用、航空应用、5G 应用、物联网应用和军事应用，高通量卫星通信系统因其固有的优势特点在这些应用领域具有良好的适用性。

（1）地面固定应用：高通量卫星覆盖范围广、信号强，用户仅需购买终端和流量资源即可实现快速入网；较传统卫星站终端口径更小、资费更低、同等配置下传输速率更高；可为地面网络覆盖不到的偏远地区或人员密集的大型赛事场馆提供更优质的宽带接入服务。

（2）地面移动应用：高通量卫星采用点波束，通信容量大，且支持多波束无缝切换，可为地面处在高速移动状态下的用户提供跨区域不间断卫星宽带通信服务；终端小巧轻便，适用具有高机动性、多类别应急宽带业务需求的场景。

（3）海事应用：高通量卫星终端小巧、价格低廉，可在海岛、船只上大规模部署，配合运营商基站，扩充手机信号覆盖；通信容量大，可很好地满足远洋船只宽带通信，以及执法船不断增长的宽带业务需求。

（4）航空应用：高通量卫星通信容量大，支持多波束无缝切换，可为机载用户提供持续不间断的宽带接入服务，同时保障飞机安全驾驶。

（5）5G 应用：高通量卫星广覆盖，可作为地面 5G 网络无法覆盖区域的网络延伸；支持多波束无缝切换，与 5G 融合，为移动用户提供连续不间断的高速率网络连接服务。

（6）物联网应用：高通量卫星覆盖地域广，可以确保物联网传感器的分布几乎不受空间限制；高通量卫星容量大，可以满足在多物联网终端情况下对通信系统容量的需求。

（7）军事应用：高通量卫星具有大带宽、载荷设计灵活的特点，可以适应复杂多变的军事应用场景；采用窄点波束，空间隔离能力强，不易被干扰，可以满足军事通信高安全性的需求。

本章将对高通量卫星通信系统在上述各领域的应用场景进行分析，并主要针对卫讯（Viasat）、休斯（Hughes）等公司典型的应用展开介绍。

5.1　地面固定应用

对于地面网络建设成本高的偏远地区，以及人员密集、地面网无法满足通信需求的大型赛事场馆来说，高通量卫星通信是不二选择，本节针对这些地面固定业务的应用需求进行场景分析，并介绍国内外各厂家的典型应用。

5.1.1　场景分析

下面对宽带互联网接入、远程教育、远程医疗、蜂窝回程展开详细的场景分析。

1．宽带互联网接入

我国地面光纤技术发达，应用极为广泛，但有些地区的网络问题仍待解决。例如，人口稀少、位置偏僻、地处高山峻岭的地区，使用传统光纤网络覆盖成本高、投资回报率低，很多地方无网络覆盖；大型商圈、大型赛事场馆等人员密集的地区对互联网需求量大，现有网络难以满足通信需求。

高通量卫星的大带宽，可以实现真正意义上的宽带互联网。宽带互联网接入在欧美地区以家庭宽带接入为主；在光纤技术发达的中国，可将高通量卫星通信作为补充，利用其建设周期短、不受地理位置限制的优势，进行灵活部署。高通量卫星带宽可以在所有站点之间实现共享，资源非独占使用，不使用不花钱，从而大幅降低费用，满足个人消费需求。

2．远程教育

偏远地区通信手段的落后导致其教育资源受到限制，通过高通量卫星网络接入可有效打破教育壁垒。利用高通量卫星通信系统为远程教育提供更多授课网点，实现偏远地区的远程授课、教育视频在线播放、在线答疑，广大学生和老师可自由访问教育资源，教育资源不再因为基础通信设施的不完善而受到限制。高通量卫星通信价格低廉、可快速部署，对部署地点没有要求，非常适合偏远地区基层教育建设。

3. 远程医疗

我国的医疗资源存在不均衡的现状，在一些偏远地区，由于通信网络及医疗手段不发达，病人无法及时得到有效救助。有些地区初步具备远程医疗的条件，但随着医疗技术的发展，对病人病历、诊断照片的清晰度要求也越来越高，对通信带宽的需求量也越来越大。通过高通量卫星通信技术可实现互动式手术高清直播教学、医学救援辅助决策、现场医疗救治信息采集、医疗资源调度，以及病历资料传输等大量数据的可靠传输需求，进而实现医疗信息化，提升偏远地区的医疗水平。

4. 蜂窝回程

现代 4G/LTE 移动网络支持语音和数据组合通信，急需高性能、低成本的蜂窝回程传输方案，需根据使用需求将网络快速、轻松地部署到任何位置。

高通量卫星通信系统通信距离远、通信容量大、部署灵活，可有效解决 4G/LTE 网络不断增长的数据传输需求，运营商可在短时间内快速部署卫星远端站，建立蜂窝回程链路，实现地面网基站数据的回传。基于高通量卫星的蜂窝回程示意图如图 5.1 所示。

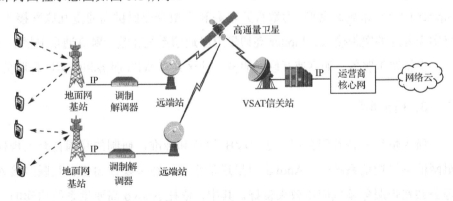

图 5.1 基于高通量卫星的蜂窝回程示意图

5.1.2 典型应用

国内外多个高通量卫星通信系统均可用于地面固定应用，下面介绍几种典型的应用。

1. Viasat

Viasat 是全球高通量卫星领域领先者，其研制的高通量卫星通信系统 Viasat 1～3 能够提供更高的互联网服务速度、质量和可靠性以及更大的带宽容量和吞吐量。

Surfbeam2 是 Viasat 专门针对高通量卫星设计的地面系统，目前服务于 Viasat1、Viasat2 卫星，未来将服务于 Viasat3 卫星，可为住宅和商业终端用户提供高速互联网和媒体通信服务。Surfbeam 高通量卫星通信系统是一个星状网络，可通过低成本的用户终端访问互联网，目前用户终端数已达数十万。同时，为了快速地将高通量卫星服务推广到偏远地区，Viasat 还与 DISH NETWORK/NRTC/Direct TV 等公司签订了协议，通过这些公司销售高通量卫星服务。

2. Hughes

Hughes 通过其在美洲的 HughesNet 卫星互联网提供服务，并通过使用 Jupiter 的全球市场运营商，为数百万家庭和小型企业提供高通量互联网接入，以实现各地的宽带接入。Jupiter 高通量卫星通信系统在数十颗高通量卫星上运行，支持宽带服务，如高速互联网服务、社区共享 WiFi 服务和蜂窝回程服务。

3. 航天恒星

航天恒星科技有限公司基于 DVB 协议和标准，研制的我国首套大规模组网的卫星通信系统——Anovo 卫星通信系统，在多媒体通信、互联网接入等公共宽带服务领域应用效果良好。其中，依托 Anovo 高通量系统构建的三江源国家公园卫星通信系统，能够实现三江源地区生态数据的实时传输，补足了三江源区域各监测分系统联网能力低下的短板，满足三江源国家公园数据传输和通信保障需求。

5.2　地面移动应用

本节针对地面移动应用展开典型应用场景的分析以及典型应用的介绍。

5.2.1　场景分析

常见的地面移动应用场景有高铁通信、应急通信和新闻采集等。

1．高铁通信

对于我国这样一个地域广阔、人口众多的发展中国家来讲，铁路是最主要也是最重要的交通手段。高铁列车上手机信号时断时续，这主要是由于地面移动网络无法实现全面覆盖，即便可实现覆盖，也会由于跨越不同区域，网络切换过于频繁，而难以提供不间断的高质量服务。由于路程远、时间长，旅客出行对娱乐生活的品质要求越来越高，需要大带宽通信容量保证大量旅客上网需求。传统卫星已无法满足带宽需求，高通量卫星是解决高铁通信问题的最佳选择。

高通量卫星通信具有覆盖范围广、通信容量大及价格低廉等优势，且支持多波束无缝切换，可以为高铁乘客提供跨区域不间断卫星通信服务，从而大大提升乘客的旅行体验。

2．应急通信

在发生自然灾害时，地面网络瘫痪，卫星通信占据主导地位，传统卫星的通信传输速率较低，传输的数据量、视频分辨率受限，而随着视频应用的日益普及，通信和互联网等各类应用传输速率不断提高，对于卫星通信的数据速率需求也越来越大。高通量卫星终端具有终端小、传输速率高、建网快等特点，当发生应急突发事件时，可通过高通量卫星快速建立双向语音、视频传输，同时可搭配自组网、单兵终端、无人机、移动基站等各种应急采集和通信指挥终端联合处理。高通量卫星更加适合政府和单位全方位应急通信保障的需求，可有效提升应急救援效率。

3. 新闻采集

随着电子媒体的快速发展，人们对新闻事件的时效性要求越来越高。国内外重大新闻、大型赛事活动、大型野外跟踪报道等都需要以现场直播的方式展现，导致新闻采集面临地域复杂、带宽需求高等问题的影响。

高通量卫星通信系统具有大容量、小终端、机动性强等特点，非常适合视频采集类业务应用，可提供新闻现场与电视台之间的通信服务，能随时随地高速传输记者在现场采编制作的超高清新闻节目。与传统卫星通信系统相比，高通量卫星终端设备和卫星车更轻便、更易于使用，业务开通模式更为灵活，因而深受新闻采编人员的欢迎。

5.2.2 典型应用

为保持卫星通信的连续性，地面移动终端需要支持相邻波束之间切换功能。Viasat、Gilat、Hughes、Newtec 等卫星通信供应商的高通量卫星通信系统均支持自动波束切换功能，多种终端集成了波束切换功能，可为车载站、便携站等地面移动用户提供跨区域不间断卫星通信服务。下面介绍 Viasat、Gilat 两大卫星通信供应商的高通量卫星地面移动应用系统。

1. Viasat

Viasat 作为卫星通信系统的提供商和运营商，其高通量移动终端已在民用、军用领域提供多种地面移动通信服务。Viasat 也提出了基于预测网络条件的波束切换、移动通信的组播切换、用于多波束卫星系统中不间断切换的可变大小视频缓冲等专利技术，可为用户提供不间断卫星通信服务。同时，Viasat 还与北卡罗来纳交通运输部合作，在皮埃蒙特铁路上推出车载无线互联网服务；与宾利合作，提供超快速车载 WiFi 连接。

2. Gilat

Gilat 的 RaySat 高通量地面移动通信设备可部署在火车、公共汽车、货车和轿车上，确保在各种环境条件下具有高性能、稳定的通信链路，满足客户对高性能、全球覆盖和快速安装的需求。这些设备已在全球铁路旅行和数字卫星新闻采集等应用中成功部署，为数千名客户提供了可靠的宽带连接。

5.3　海事应用

随着国家建设海洋强国战略的推进，海上电子商务、远洋航运、海上油田勘探等海事移动应用越来越普及，传统的通信和信息模式已不能满足互联互通的需求。海事应用具有涉外性、专业性、独立性，航行范围广、流动性大、危险系数高等特性。世界重要水道越来越拥挤，海洋事故时有发生，给航行安全和海洋生态环境造成了巨大威胁，船舶航行安全对岸船之间、船舶之间的通信提出更高的要求。高通量卫星通信的海事应用不仅有利于开展远程监控、视频会议、远程维修等工作，同时可为船员提供宽带互联网服务。下面介绍海事应用的场景分析及典型应用。

5.3.1　场景分析

下面对海上运营商手机信号覆盖应用、远洋渔船通信应用、综合执法应用三个典型的海事应用场景进行详细分析。

1. 海上运营商手机信号覆盖应用

海上无法实现地面网络的覆盖，受限于海陆通信的带宽影响，这么多年来海上一直没有实现手机信号覆盖。

高通量卫星通信设备具有覆盖广、建设成本低的特点，可在重点海域的岛屿、船舶上部署高通量卫星通信设备与地面运营商基站，通过高通量卫星宽带网络回传陆地，接入运营商核心网络。运营商在海上重点区域实现手机信号覆盖，让用户能够通过手机拨打电话，丰富用户的业余生活。图 5.2 所示为海上运营商手机信号覆盖应用场景。

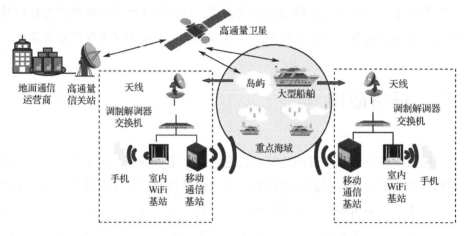

图 5.2　海上运营商手机信号覆盖应用场景示意图

2. 远洋渔船通信应用

远洋渔船在从事大型捕捞生产作业的过程中，对移动船载 WiFi 具有迫切的需求。预估 2019 年至 2025 年我国远洋渔船互联网接入服务的总带宽需求将达到 59.18Gbps，最低市场容量将达到 19.73Gbps。

为远洋渔船搭建高通量卫星通信终端站，实现 WiFi 信号覆盖、互联网接入、直播带货、语音通话、文件传输及实时气候信息获取等功能，解决渔船出海时通信带宽低、通信困难等问题，可保障渔民出行安全、丰富渔民娱乐生活。同时，渔民还可以通过直播的方式售卖海产品，提高渔民收入。远洋渔船通信应用场景示意图如图 5.3 所示。

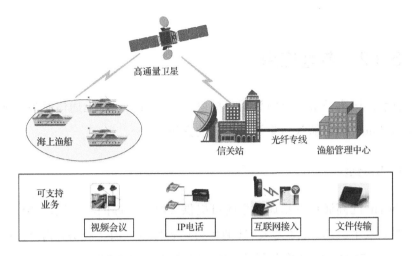

图 5.3 远洋渔船通信应用场景示意图

3. 综合执法应用

通过高通量卫星,可以为执法船队构建海洋执法工作的监察、指挥、通信一体化平台,承载高清图像、语音、文件、AIS、雷达等多种数据流。执法船可通过卫星通信终端与指挥中心构建安全的宽带连接,将第一现场的音视频数据、监测数据、导航数据等实时传送至执法船指挥中心,供后台指挥决策使用。执法船指挥中心结合历史数据及现场回传的数据进行综合分析,下达指挥及决策指令,提升综合执法效率。综合执法应用场景示意图如图 5.4 所示。

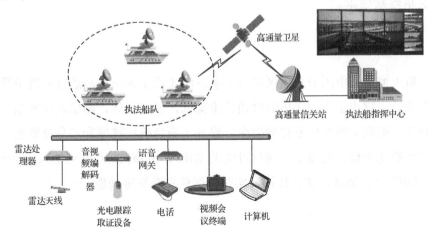

图 5.4 综合执法应用场景示意图

5.3.2 典型应用

目前，国内外多个公司为用户提供了高通量卫星海上通信服务，下面对 Viasat、Inmarsat、航天恒星进行相应的介绍。

1. Viasat

Viasat 的高通量卫星通信系统可提供实时、可靠的海上通信连接，处于行业领先水平。Viasat 还与 KVH 通信公司合作推广海上业务，为海上船舶提供可靠、高速的互联网接入服务，其推出的迷你 VSAT 宽带业务，通过 Viasat 公司的 Yonder 网络运行，可提供与地面电缆网络同量级的传输速度。

2. Inmarsat

Inmarsat 公司通过 Global Xpress 系统提供高通量卫星通信服务，其网络覆盖全球，能提供连续高性能的通信服务，下行链路传输速率可达 50Mbps，上行链路传输速率可达 5Mbps。全 IP 网络实现全球范围内一致的用户体验。在终端站方面，提供 60cm 口径的终端，不需要起重机实施安装，比传统卫星设备系统安装更简单、更快速，且终端的成本也低于传统卫星终端成本。

3. 航天恒星

航天恒星为中国沿海地区的几千条渔船建设了 Anovo 高通量船载卫星通信终端站，解决了渔船在出海时通信带宽低，船岸之间、船船之间通信困难的问题，提高了渔船信息传输效率，提升了应急响应速度和应急处置能力。渔船高通量船载卫星通信终端站可实现 WiFi 信号覆盖、互联网接入、视频会议、VoIP 语音通话、文件传输及实时气候信息获取等功能。

5.4　航空应用

近年来，航空出行呈现大众化趋势，旅客对在航程中告别"网络信息孤岛"颇为期待。欧洲咨询公司（Euro Consult）预测，到 2023 年，大约有 12900 架客机和 24000 架公务机会为乘客提供机上通信娱乐服务。一方面，航班规模增长造成安全风险日益严峻，随着未来飞行量的持续增长，如果安全水平不能实现质的飞跃，安全风险的绝对值会越来越大；另一方面，传统服务模式已无法满足旅客对出行的优质体验要求，绝大部分国内航班目前仍没有接入互联网，旅客无法获得与地面出行一样的服务体验。

高通量卫星通信的航空应用需求量巨大，本节针对航空应用的应用场景进行分析，并对典型应用系统进行介绍。

5.4.1　场景分析

下面对航空器追踪监控、全方位娱乐服务、安全驾驶服务三个典型的航空应用场景进行详细的场景分析。

1. 航空器追踪监控

航空器的追踪与安全监控是涉及民航运输安全的重大战略问题，也是世界各国关注的重点问题。航空器追踪监控可实现对运输航空器和通用航空器的实时、动态追踪与监控。

2017 年 8 月，中国民航局发布了《中国民航航空器追踪监控体系建设实施路线图》，明确要完善民航运行信息监控网络，全面提升中国民航航空器全球追踪监控能力，建成具有自主知识产权的中国民航航空器追踪监控体系。高通量卫星通信系统可利用其带宽高、终端小的特点应用于航空器的追踪与安全监控中，完成追踪监控数据的传输，使地面系统能够实时准确地获得航空器位置、状态信息，有利于加快建设航空器追踪监控系统的步伐，提高航空管控效率，提升航空器航行的安全性。

2. 全方位娱乐服务

当前绝大多数民航飞机均采用本地存储的方式为乘客提供机上娱乐服务，时效性低、内容有限，不能充分满足全部乘客的通信和娱乐需求。为民航飞机加载高通量通信设备与 WiFi 设备，通过高通量卫星网络连接地面互联网，可为乘客提供实时高速率业务传输，满足乘客工作、生活、娱乐等需求，为乘客提供优质的全方位空中娱乐服务。

3. 安全驾驶服务

目前承载航空器安全驾驶通信的主要链路包括甚高频通信、高频通信和航空移动卫星服务等。基于现有的卫星移动通信能力，目前飞行员一般只与地面空管部门和航空公司建立简单的语音通信和数据通信，交互气象信息、航线信息、管控指令等，无法动态实时传输气象信息、航迹信息，飞机无法根据动态信息做出相应的飞行调整。

通过高通量卫星通信系统提供的宽带接入服务，为前舱提供重要的连接服务，可实现气象、航迹信息的实时共享，飞行员可根据实时信息调整飞行计划，选择最优航行路线，保证航班安全平稳飞行，有助于提高航班通信的安全性和效率，改善航班延误情况，提升乘客飞行体验。

5.4.2　典型应用

航空应用是高通量卫星通信应用的重要方向，目前国内外多个公司均为用户提供了高通量航空通信服务，下面对 Viasat、Inmarsat、中国卫通等公司的高通量卫星航空应用进行介绍。

1. Viasat

Viasat 的机载卫星系统使用 Viasat-1/Viasat-2 高通量卫星，同时兼容 Viasat

的下一代卫星星座 Viasat-3。Viasat 的机载卫星系统支持日常网络浏览、电子邮件和企业 VPN 访问，也支持多站点视频会议及流媒体音乐、视频和电视。

　　Viasat 机载高通量卫星系统现已在捷蓝航空、美国联合航空和以色列航空等多家航空公司运营使用，为其提供机载互联网接入服务。除此之外，Viasat 也在开始积极尝试提供机上增值服务，如为前舱提供文档管理与存储等服务，提供免费收听音乐服务，针对不同航线定制目的地视频指南等。

　　Viasat 公司为商业航空推出空中宽带服务（Exede in the Air）。该服务基于大容量 Ka 频段卫星网络，为每个上网的旅客提供持续的高速宽带（12Mbps 以上）服务。相比于传统不超过 10%的乘客使用率，空中宽带服务的网络使用率能达到平均每架航班 40%以上，可支持多达 148 台个人电子设备同时上网。

2. Inmarsat

Inmarsat 的 GX Aviation 系统专为满足航空业的独特需求而设计和制造，可提供无缝的高速全球覆盖的机上宽带解决方案。

　　GX Aviation 与汉莎航空、卡塔尔航空、新加坡航空、新西兰航空、维珍大西洋航空、亚洲航空等数十家航空公司签署了合作协议，为上千架飞机安装了机载设备，可为乘客提供电子邮件、网页浏览、社交媒体、视频和音乐流媒体及在线购物等服务。

3. 中国卫通

中国卫通自主运营的中星 16 号卫星地面应用系统已应用成熟，可向用户提供高速率传输服务。2020 年 7 月 7 日，中国首架高速卫星互联网飞机——青岛航空 QW9771 航班首航成功，机上适配了基于中星 16 号卫星的高速互联系统，使旅客在万米高空机舱内实现百兆以上的联网速率，可享受与地面连接 WiFi 同样的上网体验。

5.5 5G 应用

5G（第五代移动通信技术）是在前几代移动通信技术的基础上发展起来的，其大带宽、低时延、广连接的 5G 应用场景，以及网络切片技术的引入，使得 5G 技术被广泛应用于智能制造、物联网、远程医疗等领域并提供差异化服务。人类社会正加速进入数据化和智能化的时代，为了将不断涌现的新型多媒体服务的应用范围扩展至陆地互联网无法覆盖的区域，高通量卫星通信系统支持 5G 服务场景成为可能。

高通量卫星通信系统与 5G 相互融合，取长补短，共同构成全球无缝覆盖的"陆海空天"一体化综合通信网，满足用户无处不在的多种业务需求，是未来通信发展的重要方向。高通量卫星与 5G 的融合将充分发挥其各自优势，为用户提供更全面、优质的服务，主要体现在：

（1）在地面 5G 网络无法覆盖的偏远地区、飞机上或者远洋舰艇上，高通量卫星可以提供经济可靠的网络服务，将网络延伸到地面网络无法到达的地方；

（2）高通量卫星可以为物联网设备以及飞机、轮船、火车、汽车等移动载体用户提供连续不间断的高速率网络连接。高通量卫星与 5G 融合后，可以大幅度增强 5G 系统在这方面的服务能力；

（3）高通量卫星优越的广播/多播能力可以为网络边缘及用户终端提供高效的数据分发服务。

下面对高通量卫星通信系统与 5G 的融合应用进行场景分析，并对典型应用系统进行介绍。

5.5.1 场景分析

下面对中继到站、链路聚合、区域用户传输、"动中通"（移动中的卫星地面站通信系统）四个典型的 5G 应用场景进行详细的分析。

1. 中继到站

在中继到站的场景中，高通量卫星网络的作用主要是中继，将高通量卫星站设置在小区内，确保各小区和地面运营商间始终拥有通信渠道，对不满足通信基站建设条件的小区而言，可依托卫星保持通信。

图 5.5 所示为基于高通量卫星的 5G 回程网络架构，每个基站管理其小区内 5G 设备的通信，形成一个子网或无线接入网。在图 5.5 上半部分中，基站通过光纤或微波链路等地面通信手段与 5G 运营商核心网通信；在图 5.5 下半部分中，基站通过卫星链路与 5G 运营商核心网通信。在上述两种情况下，接入网内的通信设备都遵循 5G 通信中定义的标准规范。用户可以在两种网络环境中使用相同的设备，无论基站是通过地面网络还是通过高通量卫星网络与 5G 运营商核心网通信，对用户来说都是透明的。

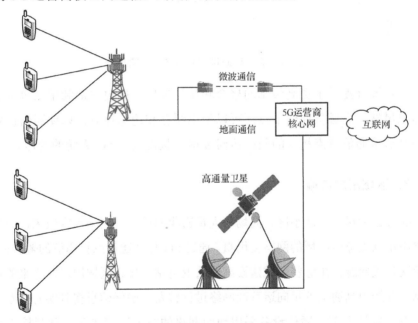

图 5.5　基于高通量卫星的 5G 回程网络架构

2. 链路聚合

链路聚合是指在多个基站之间共享容量，从而支持更多的通信设备共享容量，这些基站与一个高通量通信节点相连。在使用高通量卫星系统时，高通量通信节点通过高通量卫星与 5G 运营商核心网相连，形成接入网络。基于高通量卫星的 5G 链路聚合如图 5.6 所示。

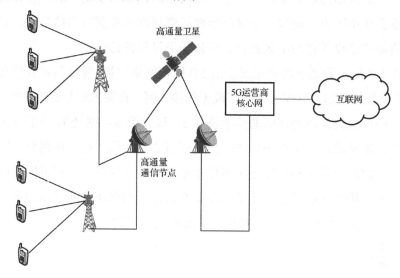

图 5.6　基于高通量卫星的 5G 链路聚合

链路聚合提供了更高级别的聚合和统计复用，能更好地利用卫星资源和地面卫星站。高通量通信节点还可以使用缓存和边缘计算，以便通信设备通过与高通量通信节点相连的基站访问数据，从而改善 5G 系统的延迟。

3. 区域用户传输

在办公大楼、生活小区、商场等人员密集的地方，网络需求较大，而地面网络不足以支撑该区域的网络使用量。通过 5G 与高通量卫星通信的融合应用，可解决相关问题。在这些区域建设高通量卫星站，接收区域用户发送来的各类信息，并经由高通量卫星向运营商网络进行转发，确保信息得到实时交互。

在正常情况下，通信设备采用地面网络的方式连接 5G 运营商核心网，但如果出现网络故障或峰值需求超过地面网络的容量，则可以使用高通量卫星连接。如图 5.7 所示，一栋楼宇作为蜂窝小区通过高通量卫星连接到 5G 运营商核心网。视频和电视内容以及其他数据可以传送到楼宇中进行存储，并在需要时随时可用。在公司大楼中，可以根据特定的需求进行本地缓存，这在服务人口密集、网络体验较差的地区尤其有用，可大大提升用户的体验质量。

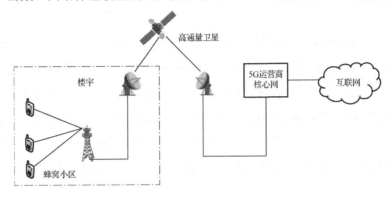

图 5.7　基于高通量卫星的区域用户传输

4. "动中通"

以车辆和飞机为代表的移动载体，通常会长期处于运动状态下，通过利用高通量卫星站进行实时跟踪的方式，使数据、语音和其他信息得到持续传递，无论是应急通信，还是多媒体通信所提出的需求，均可因此而得到满足。

图 5.8 展示了用户在移动平台上利用高通量卫星接入 5G 运营商核心网的方案。缓存的使用可以增强用户体验，当飞机停在停机坪时或船舶停靠在港口时，用户可以连接地面网络加载视频和其他内容。而在飞机或船舶航行过程中，终端通过连接高通量卫星加载所需内容。

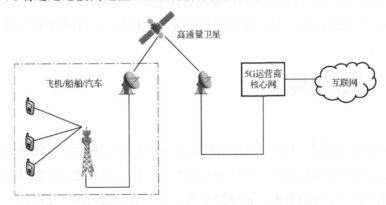

图 5.8　基于高通量卫星的在移动平台上的 5G 通信

5.5.2　典型应用

当前，Hughes、Gilat 等卫星通信服务商正在开展高通量卫星与 5G 的融合设计，开发与 5G VNF（Virtual Network Feature，虚拟网络功能）的高效接口，并实现完整的网络编排、网络切片、服务切片、QoS、加速和安全性，利用 SDN/NFV（Network Functions Virtualization，网络功能虚拟化）、云计算、边缘计算和网络切片技术，将卫星地面部分集成到 5G 生态系统中，实现 5G 网络卫星传输。下面对这两家公司的高通量卫星 5G 应用系统进行简单介绍。

1. Hughes

Hughes 的 Jupiter 高通量卫星通信系统支持蜂窝回传，可用于 5G 网络卫星回传。Hughes 目前正在开展与 5G 的融合设计，并大力开展高速率应用业务，为将来 5G 网络部署做准备。

2. Gilat

Gilat 的 Capricorn PLUS 系统可提供高达 400Mbps 下载和 100Mbps 上传并发的高数据率。Capricorn PLUS 系统的设计兼容了 5G 架构，同时还使用了 Gilat 的专利动态通道技术，可充分利用网络，适用于需要高吞吐量的 5G 回程应用。Gilat 正以更高的吞吐量和更高的效率为通过卫星进行 5G 回程铺平道路，以支持网络容量、连接设备和服务的数量与类型的指数级增长。

5.6　物联网应用

国际电信联盟（ITU）将物联网定义为信息社会的全球基础设施，通过基于现有和不断发展的可互操作的信息和通信技术相互连接（物理和虚拟）的事物来实现先进的服务。物联网发展至今，地面物联网已发展得非常迅速且高效。基站和网络是提供物联网服务的基础，但是受空间和环境等因素制约，在海洋、山区、沙漠、森林等条件恶劣、人烟稀少、地面网络信号不发达的地区，建造基站形成通信网络的成本高且经济效益低，当发生灾害时，还面临网络极易被破坏的问题。

卫星物联网融合卫星通信技术与地面物联网技术，作为地面物联网的延伸和补充，对于上述问题，是最经济且便捷的解决手段，一个基站的覆盖范围可以达到千公里量级。卫星物联网覆盖地域广，传感器的分布几乎不受空间限制；几乎不受天气和气候影响，全天时全天候工作；系统抗毁性强，在自然灾害、突发事件等应急情况下依旧能够正常工作；可以应用在车载、船载、弹载、舰载等多种军民应用场景；物联网单个终端数据传输速率要求不高，但物联网终端数量庞大，高通量卫星的超大带宽容量可以很好地适应随物联网终端数量增加而巨大增长的容量需求。

高通量卫星物联网应用示意图如图 5.9 所示，高通量通信终端通过局域

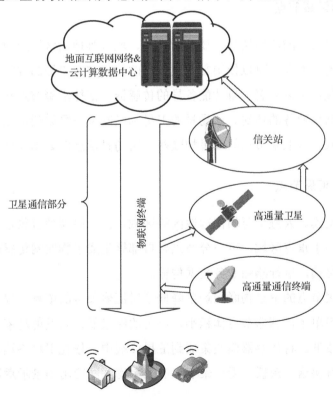

图 5.9　高通量卫星物联网应用示意图

网络或 WiFi 与物联网终端互联,将汇聚的物联网信息经用户波束上传至高通量卫星,高通量卫星利用馈电波束将信息转发至信关站,信关站与地面互联网相连,经网络转发传输到数据中心进行数据分析处理。从上述过程中可以看出,卫星通信系统取代了物联网智能终端和物联网系统中云计算数据中心之间的数据传输通道,使万物互联突破地域限制瓶颈。

下面对高通量卫星物联网的应用场景进行分析,对典型应用系统进行介绍。

5.6.1 应用场景分析

下面介绍有汇聚节点、无汇聚节点、远程监控、定位感知的卫星物联网应用场景。

1. 有汇聚节点

有汇聚节点的应用场景主要是指林区、城区等地面区域应用。对于有汇聚节点的场景而言,可以使用复杂度较高的接入方式来提高吞吐量。对于重点关注区域,可以部署大量功能各异的传感器,依托汇聚节点和高通量卫星进行高数据率业务的传输。该场景的卫星物联网系统网络架构相对简单,但抗毁性较低。有汇聚节点的卫星物联网应用场景示意图如图 5.10 所示。

2. 无汇聚节点

对于荒漠、人迹罕至的偏远地区等区域,由于终端部署数量和传输速率需求均远小于重点区域,可在分节点各自部署集成了物联网传感器模块的小型化卫星终端,进行感知业务数据传输。

无汇聚节点的卫星物联网场景降低了对汇聚节点的依赖,提高了系统的抗毁性,但单个传感器节点体积小、可用的能量低,其发射功率及可以支持的能耗都较低。将传感器模块集成到卫星终端中,依托卫星终端发射能力可以较好地解决这一短板。无汇聚节点的卫星物联网应用场景示意图如图 5.11 所示。

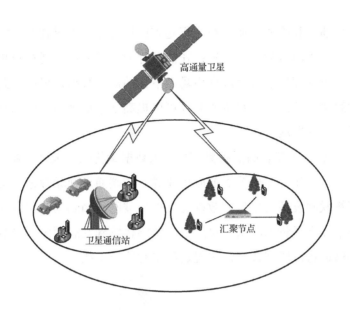

图 5.10 有汇聚节点的卫星物联网应用场景示意图

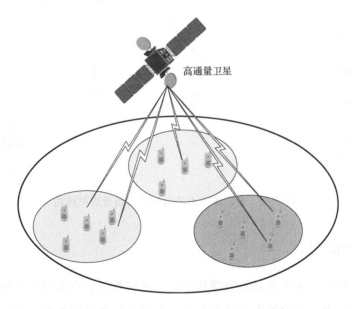

图 5.11 无汇聚节点的卫星物联网应用场景示意图

3. 远程监控

远程监控场景主要是高清视频、图片等大数据量传输场景，该场景主要应用于工程建筑和能源行业。在工程建筑应用方面，卫星物联网能够实现偏远地区土木工程项目的远程监控；在能源行业应用方面，通过卫星物联网监控天然气、石油和风能等能源在市场上下游的流动数据，可以得到投资回报比更高的解决方案；另外水资源监控可以提高缺水地区的水资源利用率，有助于地区可持续发展。

图 5.12 展示了在有高清视频应用、大数据量传输需求时，采用部署大口径高通量卫星站作为汇聚节点的应用模式。前端通过视频数据采集和感知数据采集等物联网设备将采集的数据先通过局域网传输到物联网网关，然后汇聚到区域节点高通量卫星站，再经卫星链路传输到互联网中，最后通过应用服务器存储或访问所需数据，实现远程实时监控功能。

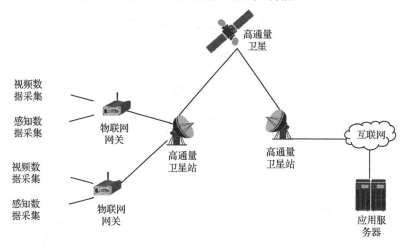

图 5.12　有汇聚节点的远程监控场景应用模式

4．定位感知

定位感知场景主要是各类感知数据、定位数据等小数据量传输场景，该场景主要应用于农业管理和海上运输。在农业管理应用方面，可以通过卫星物联网收集大面积农场的土壤成分、温度、湿度等数据，经过科学分析后得出有利于农产品生产的最优方案；在海上运输应用方面，卫星物联网能够全程跟踪海上船舶和集装箱，提高货运效率。

图 5.13 展示了在仅有感知数据、定位数据应用、小数据量传输需求时，采用部署集成感知、定位传感器模块的小型高通量卫星终端的无汇聚节点定位感知场景应用模式。前端通过感知数据采集、定位数据采集等物联网模块将采集的数据经卫星链路传输到互联网中，然后通过应用服务器存储或访问所需数据，实现远程定位感知功能。

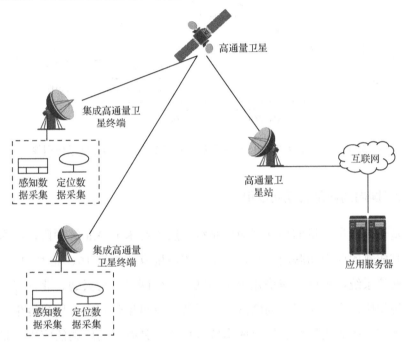

图 5.13　无汇聚节点的定位感知场景应用模式

5.6.2　典型应用

下面对国内外典型的高通量物联网应用情况进行简单介绍。

1．国外高通量物联网应用

Eutelsat 公司在物联网应用方面有着成熟的应用经验，其 Eutelsat IoT FIRST 系统包含一个紧凑、低功耗、易于安装的卫星终端和由 Eutelsat 运营和管理的物联网专用主站。通过智能手机应用程序帮助引导天线对星和调试终端，终端可快速安装和配置。Eutelsat IoT FIRST 系统无汇聚节点的定位感知场景应用模式如图 5.14 所示。

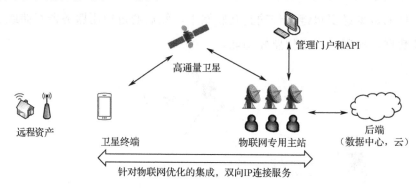

图 5.14　Eutelsat IoT FIRST 系统无汇聚节点的定位感知场景应用模式

2．国内高通量物联网应用

基于高通量卫星的物联网应用系统一般使用 Ku、Ka 等频段，国内当前还没有成熟的商用物联网产品，但基于国内现有的中星 16、亚太 6D 高通量卫星通信系统，可以快速搭建卫星物联网通信网络。与天通、北斗卫星物联网系统相比，高通量卫星物联网应用系统具有可用带宽大、用户容量大、应用范围广、服务质量高、使用成本低等优势，具有更为广阔的应用前景。

5.7　军事应用

随着"陆海空天"一体化作战对信息需求量的增大，信息及时有效地传输已成为战争胜利的关键，为了适应信息化战争的需要，世界主要军事大国都在积极研制和部署高通量卫星通信系统，并积极开展军民空间资源整合，平时服务于国民经济社会发展，战时最大限度地满足军事作战需求，实现国家利益最大化。本节主要针对高通量卫星通信系统的军事应用特性、应用场景分析、典型应用案例等进行介绍。

5.7.1　应用特性

通信卫星由于其得"天"独厚的地理位置，已成为连接作战系统、信息系统及支援保障系统，实施网络中心保障服务的纽带，是多元化军事行动信息链的重要一环。高通量卫星通信系统具有广覆盖、大容量、大带宽、强安全、灵活多变等特性，能够快速增加卫星覆盖、资源容量，并减少军费开支，满足战场通信需求剧增、高速业务传输、各种作战环境"弹性"应用、多维空间联合作战等通信需求，提升卫星通信战备水平。

1. 星上带宽资源丰富

美国在几次现代战争中认识到，实现战场全方位的互联互通、保障各作战梯队的良好通信，是推动战事快速走向胜利的关键。从历史来看，美军对卫星通信容量的使用情况，从"沙漠风暴"行动中每 5000 名作战士兵仅共享约 1Mbps 的带宽，到伊拉克"自由行动"中达到 51.1Mbps 的水平，10 年间翻了数十倍；另一方面，情报收集、ISR（Intelligence Surveillance and Reconnaissance，情报监视与侦察）这类任务需要传输大数据量的战场态势信息，对带宽的需求远大于支持地面部队的需求，加之促进 ISR 任务应用的无人机数量攀升，要求卫星通信向宽带化方向发展。美国国防信息系统局早在 2008 年就预测，到 2022 年，美军的卫星通信容量需求将超过 65Gbps，WGS（Wideband Global Satellite，宽带全球卫星）系统已经无法实现国防信息系统局保守的预测结果，存在至少 20Gbps 的缺口。

高通量宽带卫星通信在日益增长的用户需求下迅猛发展，截至 2018 年，全球在轨运行高通量卫星 50 多颗，比较有代表性的有 Viasat-2、Jupiter2、SES-17、Intelsat-Epic NG、Inmarsat 的 Global Xpress 等多个先进高通量卫星通信系统，提供通信总容量约 1500Gbps，为全球 100 多个国家和地区提供通信传输服务。后续发射的 Viasat3 和 Jupiter3 等卫星将采用跳波束、柔性转发、更高频段等先进技术，进一步提升系统容量。

美军利用高通量卫星的容量优势，在维持原有体系结构不变的前提下，以 WGS、窄带 MUOS（Mobile User Objective System，移动用户目标系统）、和受保护 AEHF（Advanced Extremely High Frequency，先进的极高频）军用通信卫星系统作为其专用系统提供主要的空间信息传输资源，并逐步加大了对商业高通量卫星资源的应用，形成了军民结合、多种通信卫星资源并存的军用通信卫星体系结构，快速解决了军事通信资源不足的首要问题。

2. 建设周期短、成本低

美国的军事卫星系统在交付周期和成本把控上问题严重。宽带全球卫星（WGS）系统的交付周期比最初预期首发星延迟了接近 4 年的时间，移动用户目标系统（MUOS）延迟了 26 个月，先进的极高频（AEHF）系统则延迟了 86 个月。部署周期的不断拖长，意味着"技术折旧"的程度加深，以先进的极高频卫星为例，在达到全运行能力时，距离项目启动已经过了 20 年时间，已经很难保证届时的在役系统可使用 10 年甚至 20 年前的技术，从而降低了系统的技术先进性与整体运营效能。

美军军事通信卫星项目首发星延迟与项目总成本变化情况如表 5.1 所示。从项目成本开支来看，WGS 系统比原计划多采购了 5 颗卫星，直接导致项目实际成本是预期成本的近 3 倍，单星造价上浮 18%左右，达到 4.75 亿美元；AEHF 系统卫星虽仅比原计划多出 1 颗卫星，但由于技术成熟度原因，实际成本是最初预期成本的近 2 倍，单星预期造价增长幅度达到 65%。

表 5.1　美军军事通信卫星项目首发星延迟与项目总成本变化情况

内　容	WGS	MUOS	AEHF
首发星预计部署周期（月）	39	63	39
首发星实际部署周期（月）	83	89	125
首发星延迟时间（月）	44	26	86
预期成本（亿美元）	13	60	67
实际成本（亿美元）	38	68	133
超出成本（亿美元）	25	8	66

近年来，高通量卫星通信系统技术能力不断增强，在支持大容量通信等领域的性能已优于现役军用系统，如 Viasat 公司的 Viasat-1 卫星通信能力可达 140Gbps，交付周期短，研制费用不超过 5 亿美元。该公司卫星服务平均价格为每年 330 万美元/（Gbps），WGS 的单位成本消耗则达上千万美元，高出 3 倍以上，而且随着商业市场容量供给竞争加剧，这一价格差预计还将会继续扩大。

传统的军事卫星通信系统采办交付延迟、预算超支等弊端突显，推动美军利用相对低成本、能够快速交付的商业高通量卫星通信服务来满足快速增长的容量需求。

3. 载荷设计灵活

传统的军事通信卫星在频率规划和覆盖区域已经确定的情况下，虽可控制星上可移动波束满足紧急任务需求，但其能够支持的灵活性和重新配置能力依然非常有限。高通量卫星上的数字灵活载荷处理技术的发展改变了这种现状。

高通量卫星通过天线、射频前端、中频/基带处理三方面的技术改进，实现灵活载荷处理，支持波束的赋形重构、热点区域波束增强、波束功率动态调整、终端一跳通信等功能，上述特性使高通量卫星更加适用于复杂变换的军事通信应用场景。

目前，越来越多的高通量卫星看到了采用灵活有效载荷架构的潜力与价值，实现在波束覆盖、带宽分配、功率调整和频率配置等方面的高度灵活性，以更好地满足用户需求。国际通信卫星公司 2016 年发射的 2 颗"史诗"卫星的通信载荷，即具备在轨重构、波束铰链自适应调整的处理功能，使得该卫星成为具备强大处理和灵活能力的系统，可有效服务军方用户。该系统信关站/点波束与用户/宽波束之间没有固定的连接。通过星上的数字交换矩阵，可以将任何上行链路的用户波束、宽波束、信关站波束或点波束连接到任何下行链路的用户波束、宽波束、信关站波束或点波束。

Intelsat Epic 卫星的单跳通信示意图如图 5.15 所示。Intelsat Epic 卫星支

持开放的体系架构，用户可以基于上述的波束连接性，在其所需的网络拓扑结构（例如星状拓扑，网状拓扑，分布式星状拓扑）中部署自己心仪的地面平台，实现基于高通量卫星的一跳通信服务。开放式架构还允许用户自主选择支持的数据速率，以及决定他们的网络是以专用还是共享方式运行。

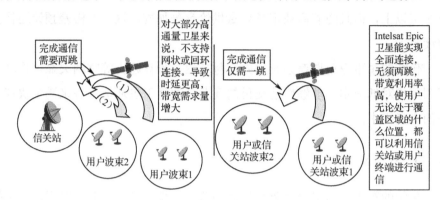

图 5.15　Intelsat Epic 卫星的单跳通信示意图

Intelsat Epic 卫星被设计为 Intelsat 现有固定卫星网络的补充，它们并不是要取代宽波束卫星，而是在需要大容量和高性能的地方进行扩展。

4. 点波束设计，不易被干扰

由于无线链路的开放性及卫星覆盖范围广的特点，卫星通信网络的无线链路是最容易受到攻击的对象，面临着诸多安全威胁。一般而言，对于卫星通信系统的干扰可以作用于卫星通信的上行链路或者下行链路。对下行链路的干扰通常采用电子对抗飞机等实施，由干扰源发射大功率信号照射卫星通信地球站从而实现干扰。但由于干扰源高度较低，覆盖范围非常有限，因此通常干扰源需位于被干扰站视距范围内，总体来说危害可控。对上行链路的干扰则可通过陆地固定干扰机、车载和舰载移动干扰机、机载干扰机等实施，其方式是发射信号到通信卫星上行链路干扰其接收，进而达到干扰整个通信系统的效果。对上行链路的干扰危害大且易于实施，因此上行链路是恶意干扰的重点攻击对象。

传统通信卫星采用赋形波束设计，一旦有干扰信号产生，即对整个系统产生影响，导致业务数据无法通信传输。高通量卫星馈电、用户波束均采用窄点波束，具有较强的空间隔离能力，从而增加了系统从波束主瓣被干扰、被截获的难度。

5.7.2　应用场景分析

高通量卫星通信系统的广覆盖、大容量、高速率、不易受干扰、应用灵活等特性，可极大程度满足军事应用通信需求，能够将"陆海空天"多维战场空间的各类作战单元和作战要素融合集成，形成多种作战资源协同运用的复杂系统。高通量卫星通信系统支持向扁平化、短平快、灵活机动、快速反应的方向发展，满足无人机高速回传、全球情报网络、军民卫星互操作、非对抗性军事行动常态化保障等多类场景应用。

1．无人机高速回传

在现代化军事作战中，对作战信息的图像、视频数据清晰度要求高，对卫星通信的带宽需求都达到数十兆到上百兆比特每秒，综合统计各类宽带用户通信容量需求总量在 30Gbps 以上。无人机承担侦察和武装打击任务，需要实时回传侦察信息，数据传输量大、传输速率高、传输时延低，对大航程无人机要求更高，故利用高通量卫星进行无人机通信是最佳解决方案。无人机对卫星带宽提出了较高要求，加速了高通量卫星在军事通信领域的应用。

高通量卫星通信系统可为在不同波束覆盖区域下执行侦察任务的无人机提供高清图像、视频等大容量信息回传能力，并支持多无人机的多路并发传输，保障无人机多波束空域内数据回传的连续性，为作战策略制定提供有力的数据支撑。无人机高速回传场景示意图如图 5.16 所示。

2．全球情报网络

全球情报网络通过卫星通信系统来传递情报、下达命令，并回报命令的执行情况。由于高技术战争要求军事通信的业务量极大，通信业务的种类繁多，除了语音、数据、传真外，还有战场动态信息的传输需求，这就要求军事卫星通信系统向宽带化发展，以满足现代战争对军事卫星通信网络的要求。因此，高通量卫星通信系统可以为全球情报网络提供一种通信手段。

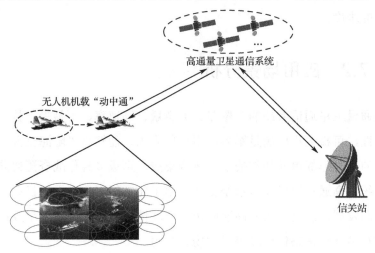

图 5.16　无人机高速回传场景示意图

国际移动卫星公司于 2015 年完成第五代卫星星座部署工作，每颗卫星可通过位于纽约的骨干网接入点与国防部的全球信息栅格系统互联，为业务突发的热点军事区提供最大 8 倍的应急业务容量，有效支持美军舰载、空基平台、前线作战基地及"动中通"等业务的应用需求。全球情报网络场景示意图如图 5.17 所示。

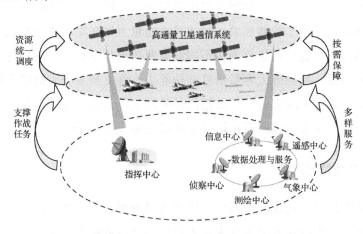

图 5.17　全球情报网络场景示意图

3．军民卫星互操作

信息时代的发展，使世界各国的军事卫星通信逐步向军事战术网络化及信息化转型。将民用通信技术应用于军事卫星通信，推动军事卫星通信系统的发展。

卫星通信军事行动场景繁多，为了充分利用卫星通信资源，需要对民用高通量卫星资源的军事化应用采用全网资源集中管控与动态分配。通过优化系统运维方式及系统监管手段，保障行动过程中各级用户卫星网络资源的灵活接入与集中管控，提高对突发事件的响应速度；通过对任务的统一规划、对资源的统一调配，提升卫星资源管理效能，实现高效的信息处理，避免资源闲置和资源分配碎片化等问题，实现民用卫星网络提供的军事化应用服务系统的稳定高效运行；同时提供无通信系统壁垒的"一体化网络"和"端端协同"通信保障能力，实现"横向互联、纵向贯通"的军事通信服务保障。军民卫星互操作网络组成如图 5.18 所示。

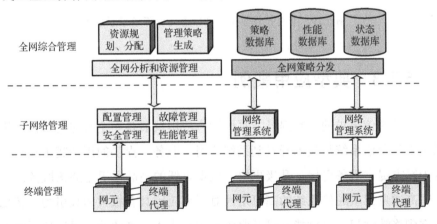

图 5.18　军民卫星互操作网络组成

4．非对抗性军事行动常态化保障

世界范围内非对抗性军事行动常态化的发展趋势愈加明显，后勤保障、军事演训、抢险救灾、安保警戒、国际维和、远海护航及国际救援等非对抗性军事行动呈现出任务多元、行动多样的特点，对信息化通信保障体系提出了更高的要求。相比军用卫星资源的日渐紧张，常态化非对抗性军事应用的通信资源保障的需求增加更为明显。

采用高通量卫星网络服务于非对抗性军事应用需求，可以有效提升卫星通信保障资源，使卫星通信保障系统的非对抗性军事化、体系化应用效能得以显著提升。非对抗性军事行动常态化保障场景示意图如图 5.19 所示。

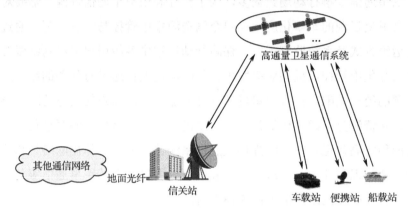

图 5.19　非对抗性军事行动常态化保障场景示意图

5.7.3　典型应用案例

随着通信需求的不断提升，军民融合应用发展是一个必然趋势，商用高通量卫星通信系统从技术开发到系统应用、服务，提供的周期越来越短，可以为军方提供服务更优、升级更快、成本更低的高品质卫星通信服务。

高通量卫星通信系统的高可用性对军事应用具有极大的吸引力，特别是考虑到终端体积、交付能力以及服务和运营成本。高通量卫星通信系统满足各类军事应用中大量的语音和数据等混合信息的传输，并可为无人机系统提供大带宽、高速率的通信保障，实现其全球范围内的通信服务。

美军广泛采购民用高通量通信服务，在短时间内提升宽带大容量信息传输能力，形成新形势下部队日常演练、后勤保障的信息化、常态化通信保障，弥补军用卫星容量不足的短板，有效支撑部队遂行各项非对抗性军事行动任务。典型厂商及其提供的服务如下。

1．Viasat

Viasat 为美军特种作战部队提供卫星通信设备、系统和服务，显著提升通信保障与网络安全管理的现代化水平。Viasat 于 2018 年为美国"空军一号"（核心指挥中心）提供飞行中的宽带和连接服务，确保发生重大危机时在空中拥有不间断指挥链路；Viasat 还通过混合自适应网络（HAN）为美国军方提供保密卫星通信，满足访问"云使能"军事应用需求。

2．Hughes

Hughes 采用可变调制解调器接口（FMI）技术，为美国空军提供弹性更大、可用性更高、成本更低的卫星通信保障能力。Hughes 于 2020 年 3 月整合超视距（Beyond Line of Sight，BLoS）系统，为海岸警卫队 HC-27J 飞机提供卫星通信系统，用于情报、监视和侦察，以及人道主义援助和救灾；同时，Hughes 与 Intelsat 合作，利用 Epic Ku 频段卫星和 HM200 终端，为军政部门的直升机提供超视距宽带通信服务。

3．Inmarsat

Inmarsat 使用 Global Xpress（GX）高吞吐量宽带网络为美军提供卫星通信服务，主要用于机载卫星通信。

4．Intelsat

Intelsat 公司联合 SES 等 17 家公司，为美国海军提供全球卫星通信容量、地面终端、地面回传和相关的网络管理服务（美国海军商业宽带卫星计划）。

第 **6** 章

高通量卫星技术发展趋势展望

为进一步提高卫星通信容量，除使用日益拥挤的 Ku 频段、Ka 频段外，还需要向更高频段拓展。此外，当前大多数高通量卫星按照预先确定的需求设计，入轨后卫星覆盖区域、功率分配和频谱等无法实现在轨灵活调整，很难依据业务需求快速调整，造成星上资源的浪费。因此，下一代高通量卫星既要提升系统容量，又要灵活满足各类业务需求。

对未来超大容量高通量卫星系统而言，卫星技术的提升、性能的优化不应仅依靠卫星平台及有效载荷技术的提升，更需要天地系统协同配合，尤其是通信技术体制的设计和地面应用系统的优化。基于上述背景，本章从高通量技术提升，高、中、低轨卫星系统融合，星地一体化融合等方面分析高通量卫星技术发展趋势。

6.1　高通量技术提升

近几年，对下一代高通量卫星通信系统技术提升的研究，主要集中在 Q/V 频段通信、激光通信、灵活载荷、跳波束技术的研究和验证，因此，下面重点从这几方面介绍其技术特点和发展趋势。

6.1.1　Q/V 频段通信技术

目前，在轨的高通量卫星主要采用 Ku 频段和 Ka 频段，其中馈电链路大多采用 Ka 频段，用户链路主要采用 Ku 频段或 Ka 频段。一般可用于卫星通信链路的 Ku 频段和 Ka 频段带宽分别约为 500MHz 和 3.5GHz，但 Ku 频段资源利用已接近饱和状态，Ka 频段资源短缺，同时存在全球高低轨卫星多重覆盖带来的干扰等问题。在当前高通量卫星点波束和频率复用技术下，Ka 频段、Ku 频段可用带宽，已经制约了系统容量的进一步提升，因此，将 Q/V 频段作为馈电链路的使用频率，Ka 频段资源完全分配给用户链路使用，系统容量将大幅提升，这也是下一代超高通量卫星设计的发展趋势之一。

1．Q/V 频段特点概述

Q/V 频段位于无线电频谱的极高频（EHF，30～300GHz）区域，其中 Q 频段对应 40～50GHz，V 频段则对应 50～75GHz，是卫星通信领域有待开发的一段频谱资源。目前来看，Q/V 频段（40/60GHz）可用于馈电链路的带宽达到 5GHz，由于 Q/V 频段带宽更宽，单个信关站可管理更多的用户波束，可以有效减少地面信关站数量，成为控制系统成本的重要手段之一，成为国际主流卫星运营商关注的焦点。

2．优劣势分析

Q/V 频段具有大带宽、窄波束、短波长等优势，有利于提升系统容量、多波束设计和小型化设计；其方向性强的特点，可以增强保密性，也被军事卫星通信所青睐。

然而 Q/V 频段也有其固有缺点，主要是 Q/V 频段应用到馈电链路，相比于 Ka 频段，其降雨（雨水、大气、水蒸气等因素）衰减更为严重。一般来说，自适应编码调制技术和自动上行功率控制能够补偿的衰减在 10dB 至 15dB 之间。结合工程实际来说，在单站情况下，若想达到 99.9%的可用度，需要更大的链路余量，因此对于 Q/V 频段应用到馈电链路，必须采取新的措施来补偿降雨衰减。

3．新技术方向分析

为了克服 Q/V 频段固有的大气传播衰减特性，除了对地面信关站的上行链路发射功率进行控制，设计与下行链路信号接收条件相适应的调制编码方案，还需通过信关站空间分集等技术手段提升整体增益、提高系统的整体吞吐量。信关站分集技术主要是利用空间上不同区域降雨不相关性的特点，为信号提供多条传播路径，来解决某一条传播路径受降雨衰减影响严重的问题。

国内外文献主要提出了以下三种分集方式，来补偿降雨衰减。

① 1+1 备份模式：每个信关站都有 1 个主用信关站和一个备用信关站。

② N+P 备份模式：N 个信关站主用，P 个信关站备用，当 N 个信关站中某个信关站因降雨严重影响正常通信时，可将其管理业务切换到 P 个信关站中链路条件较好的信关站。

③ N+0 备份模式：无备用信关站，但 N 个信关站容量有冗余，也就是每个信关站都设计为具有额外的备用容量，可以为因降雨衰减影响而无法提供服务的信关站所属用户，提供通信服务。

除解决上述抗降雨衰减的大系统方面的问题之外，Q/V 频段的大规模应用还面临一些关键产品和技术的成熟度有待完善和降低成本等问题，主要体现在与 Q/V 频段直接相关的接收机、功放等射频部件，以及天线、馈源等产品设备。在 Q/V 频段的射频组件方面，当前国外研究的 Q/V 频段功率放大器主要包括两种类型：行波管放大器（TWTA）和固态功率放大器（SSPA），二者各有优缺点，需要研制适用于 Q/V 频段的大带宽、高功率的放大器，提高相关产品的成熟度和实用性。

当前，国外已有多颗卫星搭载 Q/V 频段试验载荷，验证 Q/V 频段的信号传输性能，特别是针对降雨衰减情况的性能和链路自适应调整技术进行分析。Q/V 频段应用到下一代高通量卫星通信系统的技术已经逐步趋于成熟。

6.1.2　激光通信技术

高通量卫星互联网的快速发展，使得带宽及频谱资源的紧缺问题日益凸显，传统通信卫星采用微波频段（Ku 频段、Ka 频段、Q/V 频段等），海量数据业务的传输主要受限于馈电链路的带宽瓶颈。例如，需要约 50 个地面信关站才能达到 1Tbps 的通信容量，且这些地面站的数量将随着系统容量的激增呈线性增长趋势。空间激光通信具有大带宽、高速率、高保密性等特点，在射频资源紧张、通信速率受限的条件下成为当今空间高速数据传输最有吸引力的替代方案之一。

1. 激光通信特点

与传统卫星微波通信相比，卫星激光通信具有以下特点。

① 通信速率高。传统微波通信载波频率在几吉赫到几十吉赫范围内，而激光载波频率具有数百太赫量级，比微波高 3～5 个数量级，可携带更多信息，加上波分复用等手段，未来信息传输速率可达 Tbps 量级。

② 无卫星电磁频谱限制，抗干扰能力强。激光没有卫星电磁频谱资源限制约束，通信过程中不易受外界干扰，抗干扰能力强。

③ 保密性好。卫星激光通信波谱使用 0.8～1.55μm 频段，属于不可见光，通信时不易被发现。而且激光发散角小、束宽极窄，在空间中不易被捕获，保证了激光通信所需的安全性和可靠性。

④ 体积小、质量小、功耗低。激光波长比微波波长小 3～5 个数量级，激光通信系统所需的收发光学天线、发射与接收部件等器件与微波所需器件相比，尺寸小、质量小，可满足空间卫星通信对星上有效载荷小型化、轻量化、低功耗的要求。

2. 系统组成

各种用户的信号被高通量光学馈电地面站多路复用后，经光学馈电链路发送至高通量卫星。高通量卫星将光波信号转化为电信号，通过多波束射频链路将信息发送给用户地面站。混合 VHT 卫星系统网络拓扑如图 6.1 所示。

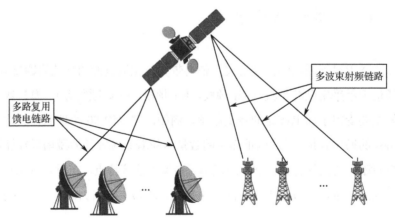

图 6.1 混合 VHT 卫星系统网络拓扑图

卫星激光通信系统由光学分系统、跟瞄分系统、通信分系统三个基本分系统和热控、配电等配套系统组成，系统以激光为信息载体，基于两颗卫星之间高精度地建链，实现高速数据传输。

光学分系统由光学天线、中继光路及各收发光学支路构成，各部分紧密衔接，共同实现激光信号的高质量收发。

跟瞄分系统由粗跟踪单元、精跟踪单元、提前量单元等构成，主要完成空间光信号的瞄准、捕获、跟踪，利用具备方位和俯仰功能的跟瞄转台，加上控制信号的计算与处理，实现两颗卫星的激光通信光学天线的精确对准，并保证双方互发的激光信号能通过光学分系统进入对方的通信分系统。

通信分系统由激光载波单元、电光调制单元、光放大单元、光解调单元等构成，主要完成卫星激光通信系统光信号的调制/解调、光放大及信号处理等功能。根据调制方式的不同，卫星激光通信通常采用非相干通信体制和相干通信体制两大类。非相干通信体制采用强度调制/直接探测方式，分为开关键控和脉冲位置调制；相干通信体制采用相位调制/相干探测方式，分为二进制相移键控/零差（外差）相干探测、差分相移键控/自差相干探测、正交相移键控/零差（外差）相干探测等。

6.1.3　灵活载荷技术

高通量卫星相比传统通信卫星，在可用频谱带宽和系统容量方面有显著提升，但大多数高通量卫星按照预先确定的任务需求设计，入轨后卫星覆盖区域、功率分配和频谱等无法实现在轨灵活调整，很难针对市场变化及时调整。对于一些特定的应用领域，如应急救灾、海洋渔业等，其人员密集度和通信需求具有随机性或规律性改变特点，需要运营商根据用户位置变化和带宽需求动态调整波束覆盖中心或形状轮廓、波束间铰链关系等，因此，灵活载荷技术的发展，对于卫星在轨任务规划和新兴市场服务能力具有显著的意义。

灵活载荷技术要具备波束覆盖、频谱分配、功率分配、协议体制和组网方式等方面的灵活调整和控制能力。

① 波束覆盖的灵活性：主要指卫星波束中心、尺寸、轮廓和数量等，能够根据覆盖区域业务需求在轨动态调整覆盖。

② 频谱分配的灵活性：主要指信道带宽、数量、频率等可变，实现星上频率动态调整。

③ 功率分配的灵活性：主要指对应不同的需求，实现不同波束或同波束转发器间功率调整。

④ 协议体制的灵活性：主要指可以灵活调整调制/解调和编码方式，具备适应新波形的能力。

⑤ 组网方式的灵活性：主要指上下行波束之间具备任意铰链能力，以及星上具备灵活的路由交换能力，能实现波束间、波束内用户灵活的组网方式（星状网、网状网和混合网），同时满足各类用户需求。

为了实现上述灵活性，国外高通量卫星载荷的灵活性设计主要包括设计灵活的天线、射频前端和中频/基带处理单元。

① 灵活的天线技术：利用传统无源反射面天线的机械/电调节实现波束移动与尺寸缩放，利用有源阵列天线和波束成形网络实现波束位移、形变及数量调节等，实现灵活的波束覆盖能力。

② 灵活的射频技术：利用灵活变频器以及带宽、中心频点可调滤波器改变单个信道的频谱特性，而可步进式调整的功率放大器与上述设备配合，能够对业务数据的传输速率等进行按需调节，实现灵活的频谱分配和功率分配。

③ 灵活的中频/基带处理单元：利用数字信道化器在中频进行精细分路和交换，利用完全再生式的星载处理器进行解调、译码后进行数据处理和分组交换路由等，支持相应的网络协议，实现灵活的协议体制和组网方式。

6.1.4 跳波束技术

高通量卫星的独特优势，使其成为天基通信网络的骨干节点。用户通信业务种类的多样化、需求的差异化、时域及空域的区别化发展，对卫星网络的资源利用率和通信传输能力提出了更高的要求。传统多波束高通量卫星为每个波束分配固定的功率及频率资源，通常仅支持在单一波束下对资源进行调配处理，同时由于业务的差异性和时域、空域的分配不均性，将造成资源的"碎片化"和"劳逸不均"等情况，极大降低了资源的利用效率，也无法满足热点区域的随需覆盖需求。跳波束技术具有灵活的波束特性，可有效满足动态业务匹配需求，提高资源利用率，是高通量卫星向甚高通量卫星演进的关键技术途径。

1．跳波束技术发展现状

跳波束（Beam Hopping，BH）技术利用时间分片原理，即无须所有波束同时工作，仅面向业务需求激活部分波束，从而提高带宽及功率资源的使用效率，满足用户的时变通信需求。目前，各大卫星制造商和运营商已经开始进行跳波束技术的研制及验证，其中 NASA 率先在先进通信技术卫星（ACTS）项目中开展研究，利用一系列开关对天线馈源进行切换，实现波束的跳变控制；Spaceway3 系列卫星和 KONNECT-VHTS 卫星均搭载了跳波束实验模块。2019 年发射的欧洲量子星是跳波束技术实验的里程碑，其设计特点是有效载荷基于软件无线电通用硬件平台设计，卫星波束控制（方向及覆盖范围）及切换由软件定义控制。

2．跳波束系统组成

跳波束卫星通信系统由信关站（含网络控制中心）、灵活载荷卫星和卫星终端组成，考虑后续高通量卫星系统的发展，跳波束卫星通信系统的前向链路采用兼容 DVB-S2X 协议的跳波束工作方式，利用 TDM 数据流将业务信息上传至卫星，灵活载荷卫星通过跳波束控制器将各数据流分配至不同波束进行广播分发。反向链路采用 DVB-RCS2 协议，卫星终端以 MF-TDMA 方式接入卫星网络，业务数据经卫星透明转发至信关站，通过信关站实现卫星终端之间的互联。跳波束卫星系统组成如图 6.2 所示。

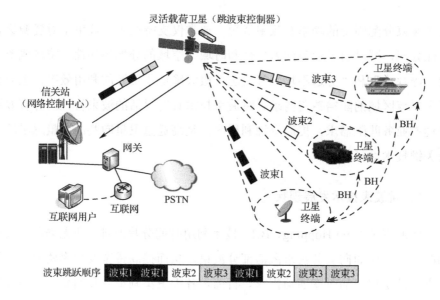

图 6.2　跳波束卫星系统组成图

1）灵活载荷卫星

卫星的灵活载荷主要通过透明转发器和跳波束控制器完成，最终利用多波束天线实现与卫星终端的通信。透明转发器负责卫星信号的变频、放大和转发；跳波束控制器负责解调跳波束控制指令，实现星上波束的同步跳变。通常根据星载天线的不同，跳波束采用两种方式实现：一种是星载配备单口径阵列馈电反射面天线，其波束跳变通过开关矩阵实现；另一种是星载配备相控阵天线，其波束跳变通过多端口放大器联合波束成形网络实现。后者在波束资源、频谱和功率分配方面更为灵活。

2）信关站

信关站实现全网的控制管理和与外部网络的信息交互，为了满足大容量业务吞吐，实现更高的带宽资源利用，跳波束系统的信关站多采用 Q/V 频段，并通过智能网关独立部署、站址分集互为备份，提高恶劣环境下的链路可用度。

信关站的控制管理通过网络控制中心实现，基于网络状态及业务需求完成跳波束控制指令的生成、时隙及计划的制定（包括波束驻留时间、波束跳变周期、重访时间等）、用户接入及信息的管理、系统状态统计等功能。

信关站通过各种标准或专用的接口设备，提供 PSTN（Public Switched Telephone Network，公共电话交换网）、ISDN（Integrated Service Digital Network，综合业务数字网）及互联网等网络的接入。

3）卫星终端

卫星终端支持 Ku 频段和 Ka 频段，支持固定、移动通信应用，提供车载、船载、机载、便携设备等不同终端形态。

3. 关键技术分析

跳波束技术以在正确的时间通过最有效的方式为正确的单元，提供合适的容量为目标，通常具备以下能力：①跳波束控制器能够实时将数据流切换至适当的通信波束；②整个系统的各类终端需要进行严格的时间同步；③支持对每个波束带宽、功率和跳变时间表等资源的高效分配；④基于业务驱动，适配最优网络通信体制。

1）跳波束控制器

卫星跳波束通过跳波束控制器和开关矩阵共同完成，其中，跳波束控制器负责解调网络控制中心生成的波束跳变指令，控制开关矩阵或波束形成网络进行波束切换。常用的波束切换方式有两种：方案一是采用行波管产生单一波束，通过馈源前的开关矩阵选通，实现波束的跳变；方案二是在馈源选通基础上，采用相控阵天线，通过波束形成网络形成不同波束，实现波束的跳变。在方案一中，控制器设计简单，但仅支持单一馈源工作，对资源的利用率较低；在方案二中，多个馈源和功率放大器同时工作，提高了资源利用率，但波束形成网络的设计较为复杂。跳波束系统前向链路处理流程如图 6.3 所示。

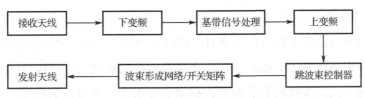

图 6.3　跳波束系统前向链路处理流程

当波束跳变时产生的波束交换可采用两级开关交换实现,第 1 级开关矩阵实现信关站与波束簇之间的交换,第 2 级开关矩阵实现波束簇内不同终端间的交换。这种方法提高了波束与信关站之间以及波束内部的灵活映射,但全网的时隙、资源等分配的复杂度也随之极大增加。

由上述分析可以看出,跳波束控制器正由开关矩阵切换向波束形成网络切换发展,由单层波束交换向多层波束交换发展。

2)波形选择与网络同步

跳波束波形应保持足够的波束驻留时间,以保证数据的完整接收。DVB-S2X 协议附录 E 定义了支持跳波束的超帧波形,该超帧提供 720 字符的长帧头和 36 字符的导频符号,用于提高帧同步性能;帧尾设计哑元符号,用于支持波束的平滑切换。支持跳波束的 DVB-S2X 超帧结构如图 6.4 所示。

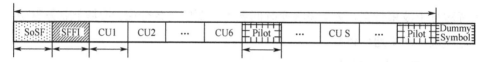

图 6.4　支持跳波束的 DVB-S2X 超帧结构

系统内各通信单元严格的时间同步是终端正确接收并解析信息的关键,目前所提出的跳波束时间同步技术,均在不改变 DVB-S2X 超帧结构的基础上,对哑元符号进行设计。

参考文献[71]引入哑元帧概念,采用标准超帧帧头作为哑元帧帧头,经验证,跳波束发生后,约 20 个哑元帧后,系统完成时间同步。参考文献[72]在参考文献[71]的基础上对哑元帧的同步域进行了优化,通过扩频码对时间和频率的偏差进行预估计,将同步所需的 20 个哑元帧压缩为 1 个哑元帧,经验证,在-10dB 信噪比情况下,终端接收机能够锁定哑元帧,完成时间同步。

3)系统资源分配

以减小同信道干扰为约束条件,通过对带宽、功率、时隙等资源的分配,建立跳波束系统资源分配模型,实现资源的最大化利用。资源分配建模主要采用两种方式,离线动态资源分配模型和在线深度学习分配模型。离线动态资源分配模型可根据具体场景进行精细化模型设计,设计复杂度较低,但在场景变化时需要重新修改模型及算法，无法满足动态变化场景。在线深度学习分配模型适应多应用场景，具备自学习功能，但模型设计复杂度较高，对系统的计算资源要求较强。跳波束资源分配算法正由单一维度的时隙分配，向带宽、功率、波束尺寸、QoS 保障等多维度智能化分配的方向发展。

4）基于业务驱动的网络通信体制选择

传统多波束多载波卫星通信系统的频率及功率资源固化分配，在满足多样化业务通信的过程中，不可避免地会产生频率资源"碎片化"，降低系统资源的使用效率；在跳波束时短时的业务中断和不同波束下体制的不兼容通信，都为用户使用带来了不好的体验。针对上述问题，面向业务需求开展跳波束通信体制研究，为跳波束链路选择最优的通信体制，实现高效链路通信，提升用户使用体验。

（1）基于"多波束+多载波+频率共享"的上行链路通信体制。

设计"多波束"，满足系统大容量、终端小型化的通信需求；设计"多载波"，满足不同组网模式、不同终端能力的应用需求；设计"频率共享"，通过频分复用解决信道同频干扰的问题。在该模式下，不同用户需求和不同业务需求，均可通过频率资源的灵活调度和优化配置来满足，解决了频率资源"碎片化"和高速动态目标支持不足的问题，并实现了多业务的融合传输。

（2）基于"跳波束+时间分片+单载波"的下行链路通信体制。

设计"跳波束"，解决业务空间分布不均的问题，实现波束覆盖按需调配；设计"时间分片"，解决业务时域分布不均的问题，实现功率和频率的高效调度；设计"单载波"，解决多业务融合传输问题，实现功率资源充分利用。通过"时域、空域、频域"三维管理机制，实现波束、功率、带宽、时隙等资源的"满功率、全带宽"运行。

4. 卫星跳波束系统发展趋势

跳波束技术与人工智能技术的深入融合，将为未来甚高通量卫星通信系统的发展带来更为有力的支撑。

1）智能天线+跳波束技术

天线作为跳波束系统的执行机构，其对信源的自适应跟踪能力和信道的感知能力提升，使得波束跳变可以自适应地选择最优的通信链路、选择最佳的波束尺寸和赋形，实现对"陆海空天"等移动目标的连续与突发业务服务。因此，智能天线+跳波束技术，将使波束跳变"更准确、更明智"。

2）人工智能+跳波束技术

资源的合理分配是实现波束"何时跳、跳到哪里"的重要前提，高通量系统的多波束簇、多信关站、多通信终端使得资源分配策略变得十分繁杂。人工智能具有强大的动态决策与规划能力，采用人工智能技术将使得跳波束系统由单一资源、单一层级、静态分配，向时域、空域、频域等多维度、多层级、动态分配发展。因此，人工智能+跳波束技术，将使波束跳变"更高效、更智能"。

3）DVB-S2X 标准+跳波束技术

DVB-S2X 作为未来高通量系统广泛应用的协议标准，已对跳波束技术提出了设计要求，基于该标准开发的跳波束系统和相关技术，在各卫星下和各系统间具有较强的兼容性、互操作性。因此，DVB-S2X 标准+跳波束的技术，将使波束跳变"更兼容、更规范"。

6.2 高、中、低轨卫星系统融合

随着市场和产业发展，高通量卫星通信系统已经能够涵盖传统卫星固定业务（FSS）和卫星移动业务（MSS）的业务类型，如宽带互联网接入、蜂窝回程、航空宽带、海事宽带等业务，高通量卫星通信系统经过技术验证和市场培育后已经逐步成熟。随着航空和海事宽带领域需求的不断增长，考虑到保证服务连续性的要求，依靠单一、独立的地球静止轨道（GEO）高通量卫星通信网络无法实现全球无缝覆盖（从地理区划上来说，南北极地区是GEO 高通量卫星系统的"盲区"），GEO 高通量卫星系统与 NGSO 卫星系统共同组网、联合开展服务的优势凸显，正在逐步形成高低轨竞争、联合并存的新态势。

近几年，传统卫星系统运营商和新兴运营商提出要基于现有基础，发展新兴低轨星座以实现全球覆盖。从系统部署来看，未来 GEO 高通量卫星将是多颗卫星组网，中轨（MEO）/低轨（LEO）卫星通过星座组网，解决全球覆盖问题，从而形成"GEO+LEO""GEO+MEO"等多重轨道的覆盖，不断增强系统的服务能力。从系统能力来看，单颗高轨高通量卫星吞吐量将达到 1Tbps，低轨高通量星座吞吐量将超过 10Tbps。

1. 高、低轨融合

在星座轨道布局上，可以结合 GEO 轨道与 LEO 轨道的特点，构成 GEO+LEO 的组合星座，这样使得系统既可以具有 LEO 轨道卫星全球无缝覆盖的特点，又可以具有 GEO 轨道高通量卫星大容量、高可靠性的优点。在通信用户业务类型选配时，可以针对热点地区、非热点地区用户或应急特殊用户等所在区域高低轨卫星覆盖情况、卫星资源负载情况等，动态选择 GEO 轨道高通量卫星资源或者 LEO 星座卫星资源。

2. 高、中轨融合

与高、低轨融合类似，构建 GEO+MEO 组合的星座。SES（欧洲卫星公司）收购 O3b 公司，成为全球首个拥有 GEO+MEO 系统的运营商。2019 年 10 月，欧洲卫星公司与泰雷兹公司合作，在一架安装了相控阵天线的飞机上完成了跨 GEO/MEO 的机载宽带业务演示，该飞机在飞行途中经过数颗 GEO 和 MEO 卫星，以及各颗卫星的不同波束，全程机载连接正常，在 MEO 和 GEO 卫星之间实现了无缝切换。

3. 高、中、低轨融合需解决的关键问题

随着 OneWeb、StarLink 等新型宽带星座的建设，频率资源越来越稀缺，频率协调难度越来越大。由于低轨星座全球覆盖，无法独享频率资源，同时，低轨卫星会对 GEO 高通量卫星带来频率干扰，因此，需采取频谱感知、干扰分析、智能规避等技术，实现频率共用共享。

GEO 高通量卫星与中低轨卫星将长期并存且一体化融合，高轨卫星的广

域覆盖与中低轨卫星的低时延可实现优势互补，分别解决广域常态覆盖与局域热点覆盖需求。

6.3　星地一体化融合

全球范围内卫星通信网络与地面互联网、移动通信网在系统层面、业务层面和应用层面天地一体化融合趋势愈发凸显，地面网络将发挥大带宽、广连接、低时延的优势，而卫星通信则具有广覆盖的传统优势，且随着高通量卫星的发展，卫星通信呈现出宽带化和低成本的特点。同时，基于机载和船载移动平台的新兴宽带网络业务成为业界关注焦点，除国际移动卫星公司（Inmarsat）、铱星公司（Iridium）外，传统固定卫星运营商纷纷加大该领域投入，通过发展多点波束高通量卫星系统，抢占蓝海市场，卫星的固定与移动业务界限也日趋模糊化，天地融合成为必然趋势。

6.3.1　高通量卫星通信系统+5G 技术融合

当前，高通量卫星通信系统与地面 4G 移动网络基站在回传应用方面比较成熟，而与 5G 网络的深度融合正处于方案论证、技术研究和演示验证阶段。面对天地一体化的发展趋势，以及全球泛在高速率、低时延、万物互联、随遇接入的通信需求，高通量卫星可充分发挥其大容量、高速率、灵活的优势，利用 SDN/NFV/MEC 等技术，与 5G 地面网络进行深度融合，挖掘更灵活可靠的商业模式，为用户提供更为可靠的一致性服务体验，降低运营商网络部署成本，连通"陆海空天"多维空间，形成一体化的泛在网络格局。

从技术方面来看，高通量卫星+5G 网络未来发展需要考虑以下两方面的问题。

① 星地网络全 IP 化是大势所趋，NFV/SDN 等技术在星地融合中发挥突出作用，重点需要解决网络功能的星地划分问题。其中 SDN 实现控制和业务

分离，控制中心向地面下沉，减少星上处理压力，星地构成转发云；NFV 主要基于资源池化和统一编排，实现软硬件解耦。

② 频率资源是制约星地融合的主要瓶颈，随着低轨星座的大规模部署，频率冲突的问题将愈发严重，重点需要探索星地频率规划及频率复用新技术。

从应用方面来看，目前，5G 网络覆盖仍然以基站为中心，在基站所未覆盖的沙漠、无人区、海洋等区域内依然存在大量通信盲区，同时，5G 的通信对象集中在陆地地表高度的有限空间范围内，无法实现"陆海空天"无缝覆盖的通信愿景，不能真正实现"全球全域"和"万物互联"。通过基于高通量卫星与 5G 移动网络的天地融合，可以对 5G 网络进行补盲、补热。国外合作共赢的星地融合新商业模式正在兴起，星地网络由竞争走向合作，未来前景广阔。

6.3.2 6G 天地融合

"6G=5G+卫星"的提法早在 2017 年就已经出现。英国电信集团首席网络架构师尼尔·麦克雷认为，5G 的发展是基于异构多层的方案，将经历早期的"基本 5G"（2020 年左右）到中期的"云计算+5G"，再到末期的"边缘计算+5G"；6G 将是"5G+卫星网络（通信、遥感、导航）"，即在 5G 的基础上集成卫星网络来实现全球覆盖。

目前全球 6G 技术研究处于探索与起步阶段，6G 是对 5G 网络的全方位升级与扩展，未来 6G 将具备更广阔的覆盖范围、更大的通信容量、更小的传输时延和更多的用户连接能力，辅以人工智能、大数据、云计算和区块链等技术，实现更加泛在、智能、安全、可信的公共移动信息基础服务能力。

未来当 5G/6G 地面网络铺设的成本越来越高，偏远地区的信息化基础设施将更加滞后，高通量卫星可以为偏远地区远距离传输提供高速通信，高通量卫星赋能的 6G 网络可以缩小数字鸿沟。但在地面段，特别是在人口密集地区，地面网络依然是高速网络覆盖的首选，因此，高通量卫星的主要作用是同地面网络配合，使高速网络的覆盖范围扩大，实现空天一体化、全球覆盖，而不是取代地面网络。

高通量卫星与 6G 的融合将经历不同阶段：发展初期，用户接入地面基站、高通量卫星作为链路进行数据回传；未来，终端可通过卫星中转信号至基站或核心网进行数据传输；甚至随着卫星技术的不断发展，星载基站也将应运而生。融合主要涉及以下几个方面：

① 体制融合：统一空口体制，在空中接口分层结构上，采用相同的设计方案以及相同的传输和交换技术。

② 网络融合：全网统一的网络架构，使各种基于 IP 的业务都能互通，如数据网络、电话网络、视频网络都可融合在一起。

③ 管理融合：统一资源调度与管理。

④ 频谱融合：频率共享共用，协调管理。

⑤ 业务融合：统一业务支持和调度。

⑥ 平台融合：网络平台采用一体化设计。

⑦ 终端融合：统一终端标识与接入方式，用户终端、信关站或者卫星载荷可大量采用地面网络技术成果。

高通量卫星与地面网络融合将扩大网络覆盖范围、提升网络频率资源利用率并实现天地频率共享共用；同时天地协作传输，可提升业务支持能力和传输效率，构建绿色、高效、节能的网络通信环境。因此，我们要紧抓高通量卫星带来的通信领域变革时机，不断突破新技术的研究，大力发展大容量、高速率的高通量卫星，充分发挥卫星通信与地面通信的各自优势，在覆盖范围、可靠性及灵活性方面对地面移动通信进行补充，实现天与地的有机融合。

结　束　语

　　高通量卫星已成为卫星通信的发展方向，它的典型应用以宽带接入、基站中继、移动通信为代表，与 5G 技术、物联网技术的结合使用是未来高通量卫星应用发展的重要方向，同时，高通量卫星在军事方面的应用需求也日渐迫切。高通量卫星通信技术在现有技术基础上不断突破，Q/V 频段通信、激光通信、灵活载荷、跳波束等技术，以及高中低轨融合、星地一体化融合等是未来高通量卫星通信的重要发展方向。

　　我国的高通量卫星通信技术及应用正处于发展上升期，我们在借鉴先进技术的同时，更要不断创新，开创我国卫星通信发展的新天地！

缩　略　语

缩 写 名 词	英 文 全 称	中 文 译 名
ACM	Adaptive Coded and Modulation	自适应编码调制
ACTS	Advanced Communications Technology Satellite	先进通信技术卫星
ACU	Antenna Control Unit	天线控制单元
ADC	Analog to Digital Conversion	模数转换
ADU	Antenna Drive Unit	天线驱动单元
AEHF	Advanced Extremely High Frequency	先进的极高频
AIS	Automatic Identification System	自动识别系统
API	Application Program Interface	应用程序接口
APSK	Amplitude Phase Shift Keying	振幅相移键控
ARP	Address Resolution Protocol	地址解析协议
ASIC	Application Specific Integrated Circuit	专用集成电路
AS	Amateur Service	业余业务
ASS	Amateur Satellite Service	卫星业余业务
ATC	Adaptive Transform Coding	自适应变换编码
ATCA	Advanced Telecom Computing Architecture	先进的电信计算平台
BCH Code	Bose-Chaudhuri-Hocquenghem Code	博斯-乔赫里-奥康让纠错码
BLoS	Beyond Line of Sight	超视距
BH	Beam Hopping	跳波束
BOSS	Business Operations Support Systems	业务运营支撑系统
BPSK	Binary Phase Shift Keying	二进制相移键控
BS	Broadcasting Service	广播业务
BSS	Broadcasting Satellite Service	卫星广播业务
CAMP	Channel Amplifier	通道放大器

缩 写 名 词	英 文 全 称	中 文 译 名
C/N	Carrier-To-Noise Ratio	载波信噪比
C/I	Carrier-To-Interference Ratio	载波干扰比
CAC	Call Admission Control	呼叫接入控制
CDMA	Code Division Multiple Access	码分多址
CE	Customer Edge	用户网络边缘设备
CMS	Carrier Monitoring System	载波监控系统
CRM	Customer Relationship Management	客户关系管理
CIR	Committed Information Rate	承诺信息速率
DAC	Digital to Analog Conversion	数模转换
DBF	Digital Beam Forming	数字波束形成
DEMUX	Demultiplexer	解复用器
DHCP	Dynamic Host Configuration Protocol	动态主机配置协议
DNS	Domain Name System	域名系统
DRA	Direct Radiating Array	直接辐射阵列
DSP	Digital Signal Processing	数字信号处理
DTP	Digital Transparent Processor	数字透明转发器
DVB	Digital Video Broadcasting	数字视频广播
DVB-S	Digital Video Broadcasting-Satellite	卫星数字化视频广播标准
DVB-S2	Digital Video Broadcasting-Satellite Second Generation	卫星数字化视频广播第二代标准
DVB-S2X	Digital Video Broadcasting Extensions-Satellite Second Generation	卫星数字化视频广播第二代标准扩展
EHF	Extremely High Frequency	极高频
EES	Earth Exploration Satellite	卫星地球探测
EESS	Earth Exploration Satellite Service	卫星地球探测业务
EIRP	Equivalent Isotropically Radiated Power	等效全向辐射功率
eNB	Evolved Node B	演进型 Node B
EPC	Evolved Packet Core	演进的分组核心（4G 核心网络）
ESB	Enterprise Service Bus	企业服务总线
FCA	Flexible Capacity Allocation	灵活容量分配
FDMA	Frequency Division Multiple Access	频分多址

缩写名词	英文全称	中文译名
FEC	Forward Error Correction	前向纠错
FMI	Flexible Modem Interface	可变调制解调器接口
FOU	Full Outdoor Unit	全室外单元（高通量卫星通信一体化宽带终端）
FS	Fixed Service	固定业务
FSS	Fixed Satellite Service	卫星固定业务
GaAs-FET	Gallium Arsenide Field Effect Transistor	砷化镓场效应电晶体管
G/T	Gain to Temperature Ratio	增益噪声温度比
GEO	Geostationary Earth Orbit	地球静止轨道
GPRS	General Packet Radio Service	通用分组无线服务
GTP	GPRS Tunneling Protocol	GPRS 隧道协议
GUI	Graphical User Interface	图形用户界面
HAN	Hybrid Adaptive Network	混合自适应网络
HPA	High Power Amplifier	高功率放大器
HTS	High Throughput Satellite	高通量卫星
HTTP	Hypertext Transfer Protocol	超文本传输协议
IAAS	Infrastructure as a Service	基础设施服务
ICMP	Internet Control Message Protocol	互联网控制消息协议
IMUX	Input Multiplexer	输入复用器
IoBT	Internet of Battlefield Things	战场物联网
IP	Internet Protocol	互联网协议
IPTV	Internet Protocol Television	互联网电视
IPsec	Internet Protocol Security	互联网络层安全协议
IPv4	Internet Protocol Version 4	互联网协议第 4 版
IPv6	Internet Protocol Version 6	互联网协议第 6 版
ISS	Inter Satellite Service	卫星间业务
ITU	International Telecommunications Union	国际电信联盟
ITU-T	International Telecommunication Union-Telecommunication Standardization Sector	国际电信联盟电信标准部
ISDN	Integrated Services Digital Network	综合业务数字网
ISP	Internet Service Provider	互联网服务提供商
ISR	Intelligence Surveillance and Reconnaissance	情报监视与侦察

续表

缩 写 名 词	英 文 全 称	中 文 译 名
LEO	Low Earth Orbit	低地球轨道
LDPC	Low Density Parity Check	低密度奇偶校验
LHCP	Left Hand Circular Polarization	左旋圆极化
LLDP	Link Layer Discovery Protocol	链路层发现协议
LNA	Low Noise Amplifier	低噪声放大器
LTE	Long Term Evolution	长期演进技术
M2M	Machine to Machine	机器到机器
MEC	Mobile Edge Computing	移动边缘计算
MFPB	Multiple Feed per Beam	多馈源每波束
MF-TDMA	Multi-Frequency Time Division Multiple Access	多频时分多址
MIR	Maximum Information Rate	最大信息速率
MODCOD	Modulation and Coding	调制和编码
MPLS	Multi Protocol Label Switching	多协议标签交换
MS	Mobile Service	移动业务
MSS	Mobile Satellite Service	卫星移动业务
MUOS	Mobile User Objective System	移动用户目标系统
Mx-DMA	Multi-Dimensional Dynamic Medium Access	多维动态多址接入
M&C	Management and control	管理与控制
NAT	Network Address Translation	网络地址转换
NFV	Network Functions Virtualization	网络功能虚拟化
NGSO	Non-GeoStationary Orbit	非静止轨道
OBO	Output Backoff	输出补偿
OMUX	Output Multiplexer	输出多路复用器
OSPF	Open Shortest Path First	开放最短路径优先
OSS	Operational Support System	运营支撑系统
PaaS	Platform as a Service	平台服务
PAT	Port Address Translation	地址端口转换
POE	Power Over Ethernet	以太网电源
PSTN	Public Switched Telephone Network	公共电话交换网
QAM	Quadrature Amplitude Modulation	正交振幅调制
QoS	Quality of Service	服务质量

缩 写 名 词	英 文 全 称	中 文 译 名
QPSK	Quaternary Phase Shift Keying	四相移相键控
RAN	Radio Access Network	无线电接入网
RAS	Radio Astronomy Service	射电天文业务
RBDC	Rate Based Dynamic Capacity	基于速率的动态容量分配
RJ	Ring Joint	环形接头
RHCP	Right Hand Circular Polarization	右旋圆极化
RLS	Radio Location Service	无线电定位业务
RNS	Radio Navigation Service	无线电导航业务
RSC Code	Recursive Systematic Convolutional Code	递归系统卷积码
RSS	Root Sum Square	方根总和
SAAS	Software as a Service	软件即服务
SCPC	Single Channel Per Carrier	单路单载波
SDAF	Satellite Dependent Adaptation Function	依赖于卫星的适配功能
SDMA	Space Division Multiple Access	空分多址
SDN	Software Defined Network	软件定义网络
SD-WAN	Software Defined Wide Area Network	软件定义广域网络
SFD	Saturation Flux Density	饱和通量密度
SFPB	Single Feed Per Beam	单馈源每波束
SFTSSS	Standard Frequency and Time Signal-Satellite Service	卫星标准频率和时间信号业务
SIAF	Satellite Independent Adaptation Function	独立于卫星的适配功能
SIR	Signal to Interference Ratio	信号干扰比
SI-SAP	Systems Integration Secure Agreement Protocol	系统集成安全协议
SLC	Satellite logical link control	卫星逻辑链路控制
SMAC	Satellite Media Access Control	卫星介质访问控制
SNMP	Simple Network Management Protocol	简单网络管理协议
SNR	Signal to Noise Ratio	信噪比
SPHY	Satellite Physical Layer Protocol	卫星物理层协议
SRS	Space Research Service	空间研究业务
SSPA	Solid State Power Amplifier	固态功率放大器
STP	Spanning Tree Protocol	生成树协议

缩 写 名 词	英 文 全 称	中 文 译 名
SVN	Satellite Virtual Network	卫星虚拟网络
TCP	Transmission Control Protocol	传输控制协议
TDMA	Time Division Multiple Access	时分多址
TRANSEC	Transmission Security	传输安全
TWTA	Traveling Wave Tube Amplifier	行波管放大器
UDP	User Datagram Protocol	用户数据报协议
VBDC	Volume Based Dynamic Capacity	基于通信容量的动态容量分配
VCM	Variable Coding and Modulation	可变编码调制
VIM	Virtual Infrastructure Management	虚拟设施管理
VLAN	Virtual Local Area Network	虚拟局域网
VLSI	Very Large Scale Integrated Circuit	超大规模集成电路
VLSNR	Very Low Signal-to-Noise Ratio	甚低信噪比
VNF	Virtual Network Feature	虚拟网络功能
VNEM	Virtualization Network Element Management	虚拟网元管理
VNFO	Virtual Network Function Organization	虚拟任务编排
VNO	Virtual Network Operator	虚拟网络运营商
VoIP	Voice over Internet Protocol	互联网电话
VRF	Virtual Routing and Forwarding	虚拟路由转发
VRRP	Virtual Router Redundancy Protocol	虚拟路由冗余协议
VSAT	Very Small Aperture Terminal	甚小口径天线终端
WGS	Wideband Global Satellite	宽带全球卫星
WiMax	World Interoperability for Microwave Access	全球微波接入互操作性

参 考 文 献

[1] 徐鸣，张世杰. 基于高通量卫星的天地融合宽带通信现状与应用展望[J]. 中国航天，2020(1):54-59.

[2] 程建，蔡君. 卫星通信系统与技术基础[M]. 北京：机械工业出版社，2020.

[3] 田勇. 地球的卫士——人造卫星[M]. 长春：吉林人民出版社，2014.

[4] 高鑫，门吉卓，刘晓滨，等. 高通量卫星通信发展现状与应用探索[J]. 卫星应用，2020(8):43-48.

[5] 韩慧鹏. 国外高通量卫星发展概述[J]. 卫星与网络，2018(8):34-38.

[6] 张飞，蒋丽凤，张更新. 英国高度适应性卫星（Hylas）及其关键技术[C]. 第八届卫星通信学术年会论文集，北京，2012.

[7] 谭东，苑超，张晓宁，等. Viasat-1 宽带卫星通信系统简介[C]. 第八届卫星通信学术年会论文集，北京，2012.

[8] 朱立东，吴廷勇，卓永宁. 卫星通信导论[M]. 北京：电子工业出版社，2015.

[9] 汪春霆，张俊祥，潘申富，等. 卫星通信系统[M]. 北京：国防工业出版社，2012.

[10] 闵士权. 卫星通信系统工程设计与应用[M]. 北京：电子工业出版社，2015.

[11] 王海涛，仇跃华，梁银川. 卫星应用技术[M]. 北京：北京理工大学出版社，2018.

[12] Louis J, Ippolito Jr. Satellite Communications Systems Engineering:

Atmospheric Effects. Satellite Link Design and System Performance[M]. Wiley, 2017.

[13] Fenech H. High-Throughput Satellites[M].Artech House,2019.

[14] 丹尼尔·米诺利. 卫星通信系统与技术创新[M]. 王敏，译. 北京：中国宇航出版社，2019.

[15] 何建辉，李成，刘婵，等. DVB-RCS2 通信网络拓扑与接入技术研究[J]. 通信技术，2017, 50(8):1696-1702.

[16] European Telecommunications Standards Institute.Digital Video Broadcasting (DVB); Interaction channel for satellite distribution systems[S]. 2005.

[17] 冯少栋，吕晶，张更新，等. 宽带多媒体卫星通信系统中的多址接入技术（下）[J]. 卫星与网络，2010(9):64-69.

[18] 李怡. 多波束 GEO 宽带卫星通信系统研究[D]. 西安：西安电子科技大学，2017.

[19] 陈振国，杨鸿文，郭文彬. 卫星通信系统与技术[M]. 北京：北京邮电大学出版社，2003.

[20] Dennis Roddy. 卫星通信（原书第四版）[M]. 郑宝玉等，译. 北京：机械工业出版社，2011.

[21] 陈妍妍. Ka 波段移动卫星信道分析及 Turbo 码的应用[D]. 北京：中国科学技术大学，2005.

[22] Jeannin N, Castanet L, Radzik J, et al. Smart gateways for terabit/s satellite [J]. International Journal of Satellite Communications and Networking, 2014, 32(2):93-106.

[23] 王丽娜，王兵. 卫星通信系统[M]. 北京：国防工业出版社，2014.

[24] Louis J, Ippolito Jr. 卫星通信系统工程[M]. 孙宝升，译. 北京：国防工业出版社，2012.

[25] YD/T 2721-2014，地球静止轨道卫星固定业务的链路计算方法[S]. 北京：中华人民共和国工业和信息化部，2014.

[26] 刘芳. 异构网络中移动性管理关键技术研究[D]. 北京：北京邮电大

学，2010.

[27] 潘宏宇. GEO 卫星波束切换算法综述[C]. 第十六届卫星通信学术年会论文集. 北京：中国通信学会卫星通信委员会，2020.

[28] 覃落雨，陶滢，郭宇飞，等. 宽带卫星通信系统无线资源管理技术研究[J]. 空间电子技术，2017.

[29] 王厚天. 基于 QoS 保证的卫星通信系统关键技术研究[D]. 北京：北京邮电大学，2014.

[30] 王悦，王权，袁丽，等. GEO 及 NGSO 卫星通信系统融合应用研究[J]. 航天器工程，2020，29(4):11-18.

[31] 郝才勇，张淇，刘元媛. 新一代卫星通信终端平板天线[J]. 中国无线电，2018(9):41-45，53.

[32] Brand J, Olds K, Saam T. IEEE. Real-time Control and Management of Roaming Wideband SATCOM Terminals[C]. proceedings of the IEEE Military Communications Conference (MILCOM), Baltimore, MD, 2017 .

[33] Guan Y, Geng F, Saleh J H. Review of High Throughput Satellites: Market Disruptions, Affordability-Throughput Map, and the Cost Per Bit/Second Decision Tree [J]. Ieee Aerospace and Electronic Systems Magazine, 2019, 34(5): 64-80.

[34] Teresa M B, Walter R B. Satellite Communications Payload and System, 2nd Edition[M].Wiley-IEEE Press, 2021.

[35] 丁伟，陶啸，叶文熙，等. 高轨道高通量卫星多波束天线技术研究进展[J]. 空间电子技术，2019，16(1):62-69.

[36] 赵红梅. 星载数字多波束相控阵天线若干关键技术研究[D]. 南京：南京理工大学，2009.

[37] 李彩萍. 基于宽带柔性转发器的高速交换技术研究[D]. 西安：西安电子科技大学，2014.

[38] 胡以华，郝世琪，蒋孟虎. 卫星地球站及地面应用系统[M]. 长沙：国防科技大学出版社，2019.

[39] 施永新，乜学郁，周珊. 浅谈高通量卫星业务运营支撑系统设计[C].

第十三届卫星通信学术年会论文集中国通信学会会议论文集. 中国通信学会；中国宇航学会，2017.

[40] 张洪太，王敏，崔万照. 卫星通信技术[M]. 北京：北京理工大学出版社，2018.

[41] 薛培元. 国外高通量卫星（HTS）在机载通信中的应用[J]. 卫星应用，2015，(7):15-18.

[42] 李彦骁，梅强，刘天华，等. 天地一体化信息网络在我国民航的应用研究[J]. 中国电子科学研究院学报，2021，16(2):165-173.

[43] 付晓玲，关馨，苏雁泳. 卫星物联网接入协议性能分析[J]. 无线电通信技术，2019, 45(6)：622-626.

[44] Gopal R. Resilient Satellite Communications with Autonomous Multi-Modem Adapter[C].proceedings of the IEEE Military Communications Conference (MILCOM), Los Angeles, CA, 2018.

[45] 原晋谦，罗一丹，高薇薇. 国外 Q/V 频段通信卫星发展态势分析[J]. 国际太空，2020(7):42-46.

[46] 谢珊珊，李博. 2019 年国外通信卫星发展综述[J]. 国际太空，2020(2):30-37.

[47] 姜会林，付强，赵义武，等. 空间信息网络与激光通信发展现状及趋势[J]. 物联网学报，2019，3(2):1-8.

[48] Park E A, Cornwell D, Israel D. NASA's Next Generation ⩾ 100 Gbps Optical Communications Relay [C].proceedings of the IEEE Aerospace Conference, Big Sky, MT, F Mar 02-09, 2019.

[49] Xia F, Chen X, Chen A, et al. Spaceborne miniaturized laser communication terminal's current situation and development trend[J].Space Electronic Technology,2020(3):73-80.

[50] 李博. 国外通信卫星系统灵活性发展研究 [J]. 国际太空，2018(5):23-32.

[51] Ortiz-Gomez F G, Salas-Natera M A, Martinez R, et al. Optimization in VHTS Satellite System Design with Irregular Beam Coverage for Non-Uniform

Traffic Distribution [J]. Remote Sensing, 2021, 13(13).

[52] 吴曼青，吴巍，周彬，等. 天地一体化信息网络总体架构设想[J]. 卫星与网络，2016(3):30-36.

[53] 张乃通，赵康健，刘功亮. 对建设我国"天地一体化信息网络"的思考[J]. 中国电子科学研究院学报，2015，10(3):223-230.

[54] 王睿，韩笑冬，王超，等. 天基信息网络资源调度与协同管理[J]. 通信学报，2017，38(S1):104-109.

[55] Regier F A. The ACTS Multibeam Antenna [J]. Ieee Transactions on Microwave Theory and Techniques, 1992, 40(6):1159-64.

[56] Whitefield D, Gopal R, Arnold S. Spaceway now and in the future: on-board IP packet switching satellite communication network[C].IEEE Conference on Military Communications. Piscataway:IEEE Press, 2006: 184-190.

[57] Fenech H, Amos A, Tomatis A, et al. Eutelsat quantum: a game changer[C].AIAA International communications Satellite Systems Conference and Exhibition. Palo Alto: AAAI Press, 2013:1-10.

[58] European Telecommunications Standards Institute. Digital Video Broadcasting (DVB). Second generation framing structure,channel coding and modulation systems for broadcasting, interactive services, news gathering and other broadband satellite applications;part 1: DVB-S2[S]. ETSI EN 302 307-1 V1.4.1, 2014.

[59] European Telecommunications Standards Institute. Digital Video Broadcasting (DVB). Second generation framing structure,channel coding and modulation systems for broadcasting, interactive services, news gathering and other broadband satellite applications;part 2: DVB-S2 Extension[S]. ETSI EN 302 307-2, 2014.

[60] European Telecommunications Standards Institute. Digital Video Broadcasting (DVB). Interaction channel for satellite distribution systems[S]. ETSI EN 301 790 V1.5.1, 2009.

[61] European Telecommunications Standards Institute. Digital Video Broadcasting (DVB). Second generation DVB interactive satellite system (DVB-RCS2) part 2: lower layers for satellite standard[S]. ETSI EN 301 545-2, 2017.

[62] Fang R. Broadband IP transmission over spaceway satellite on-board processing and switching[C]. Global Telecommunications Conference. Piscataway: IEEE Press, 2011: 1-5.

[63] Kyrgiazos A, Evans B, Thomps P. Smart gateways designs with time switched feeders and beam hopping user links[C]. Advanced Satellite Multimedia Systems Conference and the Signal Processing for Space Communication Workshop. Piscataway: IEEE Press, 2016:1-6.

[64] Pecorella T, Fantacci R, Lasagna C, et al. Study and implementation of switching and beam-hopping techniques in satellites with on board processing[C]. IEEE International Workshop on Satellite and Space Communications. Piscataway: IEEE Press, 2007:206-210.

[65] Fonseca N, Sombrin J. Multi-beam reflector antenna system combining beam hopping and size reduction of effectively used spots[J]. IEEE Antennas and Propagation Magazine, 2012, 54(2):88-89.

[66] Freedman J B, Marshack D S, Kaplan T, et al. Advantages and capabilities of a beamforming satellite[C]. 32nd AIAA International Communications Satellite Systems Conference. Palo Alto:AAAI Press, 2014: 1-7.

[67] Fenech H, Amos S, Waterfield. The role of array antennas in commercial telecommunication satellites[C]. 10th European Conference on Antennas and Propagation. Piscataway: IEEE Press, 2016:1-4.

[68] Morris I, Hinds J W. Airbus defense and space: Ku band multiport amplifier powers hts payloads into the future[C]. AIAA International Communications Satellite System Conference. Palo Alto: AAAI Press,2015:1-4.

[69] 李良. 低轨通信卫星：开启 6G 通信时代，带动千亿规模市场[J]. 中国银河证券研究院行业深度报告，2019(4).

[70] Kyrgiazos A, Evans B, Thompson P. Smart Gateways Designs with Time Switched Feeders and Beam Hopping User Links[C]. proceedings of the 8th Advanced Satellite Multimedia Systems Conference (ASMS) / 14th Signal Processing for Space Communications Workshop (SPSC), Palma de Mallorca, SPAIN, F Sep 05-07, 2016.

[71] Meric H，Lesthievent G．On the use of dummy frames for receiver synchronisation in a DVB-S2(X) beam hopping system[C]. AIAA International Communications Satellite Systems Conference，2017．

[72] Giraud X, Lesthievent G, Meric H, IEEE. Receiver synchronisation based on a single dummy frame for DVB-S2/S2X beam hopping systems[C]. proceedings of the 25th International Conference on Telecommunications (ICT), Saint Malo, FRANCE, F Jun 26-28, 2018.

[73] 张航. 国外高吞吐量卫星最新进展[J]，卫星应用，2017(6):53-57.

[74] 吴晓文，焦侦丰，凌翔，等. 面向 6G 的卫星通信网络架构展望[J]. 电信科学，2021(7):1-14.

[75] 孙韶辉，戴翠琴，徐晖，等. 面向 6G 的星地融合一体化组网研究[J]. 重庆邮电大学学报，2021，33(6):891-901.

其他线上参考文献，请访问华信教育资源网，搜索《高通量卫星技术与应用》，下载本书提供的"参考资料.pdf"文件查阅。